Johannes Kiewiet

Untersuchungen ueber die Biegungselasticität von reinem Zink, Kupfer, Zinn und ihren Legierungen, insbesondere die Abhängigkeit derselben von der Temperatur, mit Zufügung der Torsionscoefficienten der genannten einfachen Metalle

Johannes Kiewiet

Untersuchungen ueber die Biegungselasticität von reinem Zink, Kupfer, Zinn und ihren Legierungen, insbesondere die Abhängigkeit derselben von der Temperatur, mit Zufügung der Torsionscoefficienten der genannten einfachen Metalle

ISBN/EAN: 9783743468078

Hergestellt in Europa, USA, Kanada, Australien, Japan

Cover: Foto ©berggeist007 / pixelio.de

Manufactured and distributed by brebook publishing software (www.brebook.com)

Johannes Kiewiet

Untersuchungen ueber die Biegungselasticität von reinem Zink, Kupfer, Zinn und ihren Legierungen, insbesondere die Abhängigkeit derselben von der Temperatur, mit Zufügung der Torsionscoefficienten der genannten einfachen Metalle

UNTERSUCHUNGEN

UEBER DIE

BIEGUNGSELASTICITÄT VON REINEM ZINK, KUPFER, ZINN UND IHREN LEGIERUNGEN,

INSBESONDERE DIE ABHÄNGIGKEIT DERSELBEN VON DER TEMPERATUR, MIT ZUFÜGUNG DER TORSIONSCOEFFICIENTEN DER GENANNTEN EINFACHEN METALLE.

INAUGURAL-DISSERTATION

ZUR

ERLANGUNG DER PHILOSOPHISCHEN DOCTORWÜRDE

AN DER

GEORG-AUGUSTS-UNIVERSITÄT ZU GÖTTINGEN

VORGELEGT VON

JOHANNES KIEWIET

AUS EMDEN.

LEIPZIG,

DRUCK VON METZGER & WITTIG.

1886.

Einleitung.

Die wichtigsten Arbeiten, welche über die Elasticität der einfachen Metalle vorliegen, sind folgende: A. Masson[1]) bestimmte die Elasticitätscoëfficienten aus der Verlängerung von Drähten bei verschiedener Belastung; es entging ihm der Einfluss der Temperatur. G. Wertheim[2]) zeichnet sich dadurch aus, dass er den Elasticitätscoëfficienten nach drei Methoden bestimmte, aus der Verlängerung von Drähten und aus der Schallgeschwindigkeit bei transversalen und longitudinalen Schwingungen. Er benutzte ferner nahezu reines Material, untersuchte zuerst die Legirungen und beobachtete bei verschiedenen, allerdings weit auseinander liegenden Temperaturen. Er unterwarf aber das Material vor der Beobachtung verschiedenen mechanischen Processen; die gegossenen Stäbe wurden gehämmert, gezogen und angelassen.

Hier sind noch zu nennen die Arbeiten von A. Kupfer[3]), A. Napiersky[4]) und von H. Buff[5]). Die Resultate der

---

1) A. Masson, Pogg. Ann. **56.** p. 157. 1842.

2) G. Wertheim, Pogg. Ann. **57.** p. 382. 1842; Ergb. **2.** p. 1 u. f. 3 Abh. 1848.

3) A. Kupfer, Mém. de l'acad. de St. Pétersbourg (6) **6.** p. 400. 1856; Pogg. Ann. **86.** p. 311. 1852.

4) A. Napiersky, Pogg. Ann. Ergbd. **3.** p. 351. 1853.

5) H. Buff, Pogg. Ann. Jubelbd. p. 394. 1874.

erwähnten Arbeiten zeigen im allgemeinen erhebliche Abweichungen, welche sicher von der ungleichen Beschaffenheit des zur Beobachtung verwendeten Materials herrühren. Dasselbe war entweder nicht chemisch rein oder nicht hinreichend homogen, denn Drähte, die meist benutzt wurden, können nicht als homogen angesehen werden, auch wenn sie aus homogenen Stangen gezogen sind. Auch sind die bei höheren Temperaturen angestellten Versuche infolge eines ungenügenden Erwärmungsapparats und zu grosser Temperaturintervalle[1]) zu ungenau, als dass sich daraus mit einiger Sicherheit ein Gesetz für die Aenderung der Elasticität mit der Temperatur würde aufstellen lassen.

Demnach scheint es nicht unzweckmässig zu sein, die Versuche an einigen Metallen und Legirungen zu wiederholen, und zwar mit den schärfsten Mitteln, nach der Methode der Biegung von Stäbchen, welche jetzt wohl für die beste gehalten wird, ferner an Material, welches sich in einem homogenen und möglichst definirbarem Zustande befindet.

Die Beobachtungsmethode.

Zur Bestimmung der Elasticitätscoëfficienten der Biegung von reinem Zink, Kupfer, Zinn und ihrer einfachen Legirungen benutzte ich dünne prismatische, genau geschliffene Stäbchen, welche auf zwei feste Schneiden aufgelegt und nahe der Mitte ihrer Axe belastet wurden.

Die Bestimmung der Dimensionen geschah mit einem grossen Kreissphärometer, welches von Hrn. Prof. Voigt[2]) ausführlich beschrieben ist. Ich will hier nur erwähnen, dass die Genauigkeit des Instrumentes eine derartige ist, dass man ohne Mühe für einzelne Messungen eine Uebereinstimmung bis auf 0,0005 mm erzielen kann, während der Fehler des Instrumentes diesen Werth an keiner Stelle

---

1) Wertheim, der allein bei höheren Temperaturen beobachtete, stellte die Versuche an bei gewöhnlicher Zimmertemperatur, bei 100°, bei 200°.

2) Voigt, Sitzungsber. d. Königl. preuss. Acad. d. Wissensch. zu Berlin **42.** p. 990 u. f. 1884.

der Trommel und Schraube wesentlich übersteigt. Bei mittlerer Zimmertemperatur entsprechen 992,7 Trommeltheile der fünfhunderttheiligen Trommel einem Millimeter.

In der oben angeführten Abhandlung des Hrn. Prof. Voigt ist auch eine Methode angegeben, wie die unregelmässige Gestalt der Stäbchen in Rechnung gezogen wird; ich habe dieselbe bei meiner Arbeit benutzt. Bezeichnen D die Dicke, B die Breite, E den sogenannten Elasticitätscoëfficienten des Prismas, L die benutzte Länge und P die auf der Mitte der Länge angebrachte Belastung, so lautet die Differentialgleichung der Curve der Mittelfaser des Prismas:

$$\frac{d^2 y}{dx^2} = \frac{6\left(\frac{L}{2} - x\right).P}{E.B.D^3},$$

wobei die x-Axe in die Prismenaxe gelegt ist und von der Belastungsstelle aus gerechnet wird. Nimmt man B mit x constant, setzt aber:

$$D = D_0 (1 + d.x + d_1 x^2),$$

wo D_0 sich auf die Stelle $x = 0$ bezieht, so erhält man als Biegung, resp. Senkung der Stelle $x = 0$:

$$\eta = \frac{P.L^3}{4E.B.(D)^3},$$

$$\text{wo } (D) = D_0\left[1 + \frac{L^2}{40}(d_1 - 2d^2)\right].$$

D wurde an $n + 1$ gleich weit abstehenden Stellen gemessen, d. h. es wurde gemessen:

$$D_0 = D_0,$$

$$D \pm 1 = D_0\left(1 \pm \frac{d.L}{n} + \frac{d_1 L^2}{n^2}\right),$$

$$D \pm 2 = D_0\left(1 \pm \frac{2dL}{n} + \frac{4d_1 L^2}{n^2}\right).$$

. . . .

Setzt man:

$$\frac{dLD_0}{n} = \Delta; \qquad \frac{d_1 L^2 . D_0}{n^2} = \Delta_1,$$

so wird allgemein:

$$D_{\pm h} = D_0 \pm h \,.\, \varDelta + h^2 \varDelta_1,$$

und das in Rechnung zu ziehende (D):

$$(D) = D_0 + \frac{n^2}{40}\left(\varDelta_1 - \frac{2\varDelta^2}{D_0}\right).$$

Danach sind die benutzten Werthe für die Dicke berechnet. Ich gebe der Kürze halber nur die Resultate der Beobachtungen und Rechnungen an. Die Dicken habe ich bei den längeren Stäbchen an 36, bei den kürzeren an 28 Stellen gemessen, nämlich in vier Punktreihen parallel der Längsaxe, von denen zwei nahe der Mitte (auf verschiedenen Seiten), zwei nahe den Kanten der Breitseiten lagen.

Die Breiten wurden für dieselben Querschnitte gemessen, also an 18, resp. 14 Stellen. Aus den sämmtlichen dafür gefundenen Werthen ist das Mittel genommen, welches der Kürze halber allein mitgetheilt ist.

Die Einrichtung des zur Messung der Biegungen dienenden Apparates ist wesentlich folgende:

Zwei messingene Schneiden, welche die Enden des Stäbchens tragen sollen, können auf einer festen Schiene einander parallel verschoben werden, um Stäbchen verschiedener Länge zu tragen. Die Schiene ist angebracht auf der Grundplatte eines Kastens von dickem Kupferblech, welcher die Schneiden umgibt. Ein in einen Bügel gefasster, abgerundeter stählerner Buckel, an dem eine zur Aufnahme der Belastungsgewichte bestimmte Wagschale vermittelst eines Stahldrahts angreift, wird auf die Mitte des Stäbchens aufgesetzt. Oben am erwähnten Bügel befindet sich eine Oese, durch welche ein sehr feiner, sorgfältig ausgeglühter Metalldraht geht, dessen beide Enden nach oben hin über Rollen führen und über diese herabhängend mit Gewichtchen beschwert sind. An den Axen dieser Rollen sind die Ablesungsspiegel den Axen parallel in der Weise befestigt, dass bei der Biegung des Stäbchens und Senkung des Bügels die Spiegel nach entgegengesetzten Richtungen ausschlagen. Der an den Bügel angeschraubte, in einen Haken endigende Stahldraht trägt ein Gewichtchen, welches so gewählt ist, dass im unbelasteten Zustande der Buckel mit geringer Kraft auf das Stäbchen gedrückt wird, wodurch man eine grössere Stabilität des Ruhepunktes erreicht.

In der mittleren Entfernung von 4176 mm von den Spiegeln war zwischen Decke und steinernem Fussboden ein Pfahl eingeklemmt, welcher ein Tischchen zur Aufnahme des Beobachtungsfernrohres trug. Die Scala war vertical am Pfahl in einer solchen Höhe befestigt, dass sich die Mitte derselben etwa in der gleichen Horizontalebene mit den Spiegelmittelpunkten und der Fernrohraxe befand. Die Spiegel konnten durch Schrauben mit Hülfe einer laterna magica so gerichtet werden, dass sie beide zugleich bei Bewegung der Rollenaxen Bilder nach dem Fernrohr entsandten.

Eine einfache Vorrichtung (Klingelzug) gestattete, das Stäbchen vom Sitze aus ohne Erschütterung zu belasten und bis auf den Druck des Bügels, der sehr gering war, wieder zu entlasten.

Der Kupferkasten war bis auf die Grundfläche mit dickem Filz belegt, um den Wärmeabfluss bei der Erhitzung möglichst zu verhindern. Die Erwärmung geschah langsam durch zwei unter den Kasten gestellte Wobbe-Brenner. An der Seite ragten zwei Thermometer in den Kasten hinein, das eine oberhalb, das andere unterhalb des Stäbchens in gleichen Abständen von demselben. Da nun die Temperatur im Kasten als lineare Function der Höhe angesehen werden konnte, so gab das Mittel aus den beiden Thermometerständen ziemlich sicher die wirkliche Temperatur des Stäbchens an. Der Stand der Thermometer wurde durch ein besonderes Fernrohr abgelesen.

Ich unterlasse nicht hervorzuheben, dass alle Umstände, welche Fehlerquellen für die Beobachtungen liefern konnten, sorgfältig erwogen und nach Möglichkeit vermieden sind.

Ein besonderes, von Hrn. Prof. Voigt ersonnenes Verfahren[1]) gestattete, die Reibung der Rollenaxen in ihren Lagern genau zu bestimmen. Der Reibungswerth ist mit ϱ bezeichnet.

---

1) W. Voigt, Pogg. Ann. Ergbd. 7. p. 1 und 189. 1876.

Hier ist noch zu reden von dem Einfluss, welchen die Schneiden, wenn sie nicht fest in ihrer Schiene laufen, auf die Beobachtung ausüben können. Ich habe diese Fehlerquelle bei verschiedenen Belastungen und für die verschiedenen Längen, die benutzt wurden, geprüft und sehr geringe Werthe dafür erhalten, wie die am betreffenden Orte darüber mitgetheilten Zahlen beweisen. Den von den Schneiden herrührenden Fehler habe ich als σ bezeichnet.

Berechnung der Beobachtungen.

Die Werthe, welche in den Tabellen für die Biegungen angegeben sind, stellen das Mittel dar aus vier bis zehn Ablesungen; sie sind in Scalentheilen (Millimetern) angegeben. Die Temperatur wurde von einer Ablesung bis zur nächsten jedesmal um etwa 8—15° C. geändert. Aus den für beliebige Temperaturen beobachteten Biegungen habe ich die wahrscheinlichen Werthe derselben für die Vielfachen von 10° berechnet, indem ich annahm, dass innerhalb der überhaupt erreichbaren Genauigkeit in dem Intervall zwischen je zwei auf einander folgenden Ablesungen die Aenderung der Ausschläge als lineare Function der Temperatur angesehen werden könne. Daraus sind dann die Biegungen für gleiche Belastungen und Längen und für die Beziehung $B.(D)^3 = 1$ der Vergleichung halber berechnet und in den mitgetheilten Tafeln enthalten (Biegungen noch in Scalentheilen ausgedrückt). Aus den für die verschiedenen Stäbchen erhaltenen Werthen ist das Mittel genommen, und aus diesen Mitteln sind später die Elasticitätscoëfficienten berechnet.

Mit Hülfe eines Mikrometermikroskops, dessen Trommel in 200 Theile getheilt war, von denen 1009 einem Millimeter entsprachen, wurde die Biegung einiger Stäbchen für Zimmertemperatur direct gemessen und so der Werth eines Scalentheils als 0,000 61 mm bestimmt.

Die in Rechnung zu ziehende Länge des Stäbchens war durch ein zwischen die Schneiden gelegtes, genau abgemessenes Messingblech bestimmt. [Das benutzte Kathetometer gestattete, 0,02 mm abzulesen].

Die Stäbchen derjenigen Gattungen, bei welchen die elastische Nachwirkung gering war, habe ich nacheinander mit beiden Breitseiten aufgelegt und in den entsprechenden beiden Lagen für Zimmertemperatur untersucht. Aus den dafür sich ergebenden zwei Werthen ist das Mittel genommen und die halbe Differenz auch bei den Beobachtungen in der einen bevorzugten Lage für höhere Temperaturen berücksichtigt. Der Werth dieser Differenz überstieg selten, für grosse Ausschläge, einen Scalentheil.

Von jeder Gattung wurde eine grössere Anzahl von Stäbchen [2 bis 8] beobachtet und dadurch der Einfluss von Unregelmässigkeiten im Material, wie sie bei den Legirungen leicht auftreten, nach Möglichkeit beseitigt.

Während das Vorstehende sich auf das gesammte benutzte Material bezieht, verdienen Zink und Zinn noch eine besondere Betrachtung wegen der bei diesen Metallen stark auftretenden Erscheinung des

Rückstandes und der elastischen Nachwirkung.

Die einem Körper von beliebigen innerhalb der Elasticitätsgrenze liegenden Druckkräften mitgetheilten Dilatationen zerfallen in zwei Arten: die eine Art verschwindet, sobald die Druckkräfte zu wirken aufhören, und heisst darum die elastische Dilatation. Die zweite Art verschwindet nicht nach der Entfernung der Druckkräfte und heisst darum der Rückstand oder die dauernde Dilatation. In Bezug auf die letztere gelten die Gesetze, dass sie mit wachsender Temperatur zunimmt, und dass alle Druckkräfte, welche in derselben Richtung auf den Körper wirken wie diejenigen, welche die dauernde Dilatation hervorgebracht haben, und geringere Intensität besitzen als jene, keinen neuen Beitrag zur dauernden Dilatation liefern. Daher ist man innerhalb der von den ersteren grösseren Druckkräften geschaffenen Elasticitätsgrenze bei der Beobachtung von dem Rückstande völlig frei. Dieses Gesetz habe ich bei den Zink- und Zinnstäbchen, bei welchen der Rückstand sehr erheblich war, angewendet und dieselben daher mit einem grösseren Gewichte durchgebogen, als nachher aufgelegt werden sollte. Nach den

Untersuchungen von Coulomb[1]), Lagerhjelm[2]), W. Voigt[3]) wird der Werth des Elasticitätscoëfficienten durch mechanische Veränderungen der Substanz und daher wahrscheinlich auch durch den Rückstand nicht beeinflusst.

Von der elastischen Nachwirkung, welche mit dem Rückstande im engsten Zusammenhange steht, kann man sich aber nicht ganz freimachen. Diese Erscheinung ist dadurch charakterisirt, dass die dauernde Dilatation nach dem Belasten nicht gleich ihren definitiven Werth erreicht, sondern langsam einem gewissen Werthe asymptotisch zustrebt und nach dem Entlasten ebenso abnimmt. Sie ist um so grösser, je grösser das zuletzt aufgelegte Gewicht war, und dies ist ein Nachtheil, den die Methode der Elimination des vom Rückstande herrührenden Fehlers im Gefolge hat, der sich aber nicht vermeiden lässt.

Um eine Vorstellung von der Grösse der elastischen Nachwirkung bei Zink und Zinn zu geben, theile ich einige darüber angestellte Beobachtungen mit:

Zink.

[Mittel der Beobachtungen an acht Stäbchen.] $P = 31{,}5$ g.

Bei 10° in 30″ etwa 0,8 Scalentheile
„ 50 „ „ „ 6,5 „
„ 80 „ „ „ 19 „

Zinn.

1. $P = 31{,}5$ g. $t = 20°$. Ausschlag: 74 Scalentheile.
Belastet: in 1′ im Mittel 3,8 Scalentheile
Entlastet: „ „ „ „ 2,6 „
$t = 90°$. Ausschlag: 85 Scalentheile.
Belastet: in 30″ im Mittel 16,9 Scalentheile
Entlastet: „ „ „ „ 13,5 „

2. $P = 61{,}5$ g. $t = 18°$. Ausschlag: 105,3 Scalentheile.
Belastet: in 1′ im Mittel 11,1 Scalentheile
„ 5 „ „ 16,6 „
Entlastet: „ 1 „ „ 8,3 „
„ 5 „ „ 7,4 „

---

1) Coulomb, Traité de phys.
2) Lagerhjelm, Pogg. Ann. 13. p. 406. 1828.
3) W. Voigt, Dissertation p. 25.

3. $P = 111{,}5$ g. $t = 12{,}1^0$. Ausschlag: 222,1 Scalentheile.

Belastet:	in	1′	im Mittel	13	Scalentheile
	„	2	„ „	19,4	„
Entlastet:	„	1	„ „	10,4	„
	„	2	„ „	12,2	„
	„	3	„ „	13,4	„
	„	4	„ „	14,6	„
	„	5	„ „	16,2	„

$t = 90^0$. Ausschlag: 327 Scalentheile.

Belastet:	in	30″	im Mittel	58	Scalentheile
Entlastet:	„	30	„ „	20,3	„
	„	2′	„ „	36,4	„
	„	3	„ „	40,5	„

Aus diesen Angaben geht hervor, dass bei Zink und Zinn die elastische Nachwirkung bei Anwendung einer grösseren Belastung recht erheblich ist, und dass sie ferner mit wachsender Temperatur ausserordentlich zunimmt. Dadurch wurde die Beobachtung sehr erschwert und eine schnelle Ablesung namentlich bei höherer Temperatur erforderlich. Die elastische Nachwirkung ist auch der Grund dafür, dass der Reibungswerth ϱ bei diesen Metallen zum Theil von demjenigen bei den anderen abweicht.

Ich habe vollständige Beobachtungen am Zink bei drei verschiedenen Belastungen angestellt, nämlich bei:

$$P = Sa + 100 \text{ g}, \quad P = Sa + 50 \text{ g}, \quad P = Sa + 30 \text{ g},$$

[Sa-Gewicht der Wagschale = 11,503 g]

und dabei hinreichende Uebereinstimmung der Resultate erhalten. Es mögen hier der Kürze halber nur die bei $P = Sa + 30$ g angestellten Beobachtungen als die genauesten mitgetheilt werden (dies war in Anbetracht der elastischen Nachwirkung die passendste Belastung). Bei Zinn wählte ich als passende Belastung $P = Sa + 20$ g; die Stäbchen der anderen Gattungen, bei welcher die elastische Nachwirkung gering war, sind fast durchweg mit $P = Sa + 100$ g belastet worden.

Es mag noch erwähnt werden, dass Erschütterungen der Stäbchen, welche erfahrungsmässig die elastische Nachwirkung nicht unwesentlich vergrössern, nach Möglichkeit vermieden sind. Ich wurde jedoch durch die vielen vorüberfahrenden Wagen, welche das an einer verkehrreichen Strasse gelegene physikalische Institut erschütterten und die Stellungen der Spiegel zuweilen etwas änderten, unangenehm gestört.

Das specifische Gewicht s und die chemische Beschaffenheit oder Zusammensetzung sind bei jeder Reihe angegeben.

Die Aetzung mit einer Säure wurde angewandt, um das Material auf Dichtigkeit des Gefüges und Homogenität hin zu prüfen. Die verschieden stark angeätzten Flächen wurden zu dem Zwecke mit einem Mikroskop untersucht.

I. Zink.

Die untersuchten Zinkstäbchen sind aus einem grösseren Gussblocke geschnitten, welchen ich mir selbst aus chemisch reinem Material unter besonderen Vorsichtsmaassregeln hergestellt habe. Stücke von stark krystallinischem Gefüge waren nicht zu gebrauchen, und deshalb habe ich mir Mühe gegeben, möglichst unkrystallinisches und homogenes Material zu erhalten. Während die auf gewöhnliche Weise geschmolzenen Blöcke, die langsam erkalten, ebenso wie die zum Schmelzen verwendeten Platten ein starkes krystallinisches Gefüge und Krystallflächen bis zur Länge von 7 mm zeigten, erschienen die Stücke, welche ich unter fortwährendem starken Rühren schnell erkalten liess, wenig krystallinisch und zur Untersuchung geeignet.

Wegen der elastischen Nachwirkung konnte ich bei Zink nicht wohl über 80° C. hinausgehen.

Die Analyse des Zinks ergab, wie auch zu erwarten war, absolute Reinheit des Metalles.

Auch zeigte sich bei der Anätzung das Zink vollständig dicht und fehlerfrei.

Der von der Beweglichkeit der Schneiden herrührende Fehler σ wurde dadurch bestimmt, dass ich bei unveränderter Belastung die Länge etwa gleich dem zehnten Theile der bei den Beobachtungen angewandten wählte. Die für diese verkürzte Länge etwa noch auftretenden Ausschläge gaben den Fehler der Schneiden an.

Für Zn ergab sich σ=0,2 Scalentheile für die angewandte Belastung (Mittel aus acht Beobachtungen). Diese Grösse ist von den beobachteten Ausschlägen zu subtrahiren. Reibung ϱ war = 0,8.

In den folgenden Tabellen bezeichnen:

Tm die mittlere Temperatur, welche sich auf einen Satz von Beobachtungen (4—10) bezieht;

Bm Summa aus mittlerer Biegung und mittlerer Reibung ϱ, vermindert um σ;

(*D*) die in Rechnung zu ziehende Dicke;

B „ „ „ „ „ Breite;

l „ „ „ „ „ Länge;

P die angewandte Belastung;

Sa das Gewicht der Wagschale = 11,5 g;

s das specifische Gewicht.

Der mittlere Abstand von Spiegel und Scala betrug 4176 mm.

Die Biegungen der Zinkstäbchen.

$P = Sa + 30$ g $l = 78{,}01$ mm $s = 7{,}115$ $\sigma = 0{,}2$.

Zu Nr. 1. (*D*) = (1485 Trommeltheile) = 1,496 mm;
B = (5941,4) = 5,985 mm.

Tm =	10,0	18,7	28,7	40,5	49,4	61,7	69,8	84,5°
Bm =	38,9	39,4	39,8	40,5	40,8	41,7	42,3	43,0

Zu Nr. 2. (*D*) = (1444,4) = 1,455 mm; (*B*) = (5953,2) = 5,997 mm.

Tm =	14,8	22,0	30,0	41,5	51,9	63,1°
Bm =	42,9	43,1	43,5	44,6	45,5	46,5

Zu Nr. 3. (*D*) = (1440,4) = 1,454 mm; (*B*) = (5969,2) = 6,013 mm.

Tm =	11,1	21,3	31,8	37,6	52,6	63,4	71,1	82,5°
Bm =	42,8	43,3	43,8	43,9	44,7	45,2	46,1	47,1

Zu Nr. 4. (*D*) = (1475,2) = 1,486 mm; (*B*) = (5959,9) = 6,004 mm.

Tm =	12,4	15,9	20,5	31,5	41,4	51,7	60,0	84,2°
Bm =	39,7	40,0	40,3	41,1	41,8	42,3	43,4	45,0

Zu Nr. 5. (*D*) = (1463,8) = 1,475 mm; (*B*) = (5959,8) = 6,004 mm.

Tm =	10,2	19,0	32,0	40,8	50,5	60,7	73,3	80,0°
Bm =	40,5	41,3	41,9	42,4	42,9	43,7	44,7	45,6

Zu Nr. 6. (*D*) = (1364,3) = 1,374 mm; (*B*) = (5952,7) = 5,997 mm.

Tm =	14,0	20,2	29,7	41,7	50,0	58,6	71,4°
Bm =	50,5	51,3	51,8	52,7	53,8	54,9	56,0

Zn Nr. 7. $(D) = (1482,1) = 1,493$ mm; $(B) = (5945,6) = 5,989$ mm.
Tm = 14,0 19,1 29,4 39,7 51,5 59,5 69,6°
Bm = 39,4 39,8 40,3 41,0 41,6 42,6 43,4

Zn Nr. 8. $(D) = (1491,8) = 1,503$ mm; $(B) = (5950,8) = 5,995$ mm.
Tm = 13,9 22,2 29,3 41,5 51,9 62,5 72,2°
Bm = 38,8 39,4 39,7 40,4 41,2 42,0 42,9

Die in Klammern angegebenen Werthe für die Dimensionen (D) und B stellen dieselben in Trommeltheilen des Sphärometers dar.

Der Vergleichung halber mögen die Biegungen (welche hier noch in Scalentheilen angegeben sind) sämmtlich auf den Fall $B(D)^3 = 1$ reducirt werden. Der Ausdruck für die Biegung:

$$\eta = \frac{P \,.\, L^3}{4E \,.\, B(D)^3}$$

geht dann über in:

$$\eta_1 = B(D)^3 \,.\, \eta = \frac{P \,.\, L^3}{4E} \,.$$

Biegungen, berechnet für $B.(D)^3 = 1$;
ferner für 10° und die Vielfachen.

	10°	20°	30°	40°	50°	60°	70°	80°
Zn 1	779,0	790,4	798,2	810,0	818,0	833,1	846,9	868,9
Zn 2	788,1	795,1	804,3	822,1	838,3	853,8	—	—
Zn 3	789,7	798,6	806,9	812,6	822,4	830,2	849,6	865,6
Zn 4	778,8	792,2	807,4	821,2	829,7	854,1	867,9	880,7
Zn 5	779,6	795,6	804,6	815,4	824,2	841,0	854,1	877,6
Zn 6	779,3	798,2	806,6	816,7	836,6	854,8	869,6	—
Zn 7	781,3	793,7	804,1	817,0	824,0	849,1	867,7	—
Zn 8	783,2	797,9	808,5	819,7	830,3	850,6	868,6	—
Mittel	782,4	795,2	805,1	816,9	828,0	845,8	860,6	(873,2)

Es folgen jetzt die Beobachtungen an einer Reihe von verschiedenen Legirungen aus Zink und Kupfer, welche bis auf eine einzige, die ich selbst herstellte, von einem guten Giesser besorgt sind. Die gegossenen Blöcke sind unter den erwähnten Vorsichtsmaassregeln angefertigt.

a. Cu-Zn Legirung, mit *M* gezeichnet (vom Giesser)

Analyse { Cu 77,71 Proc. / Zn 22,29 „ ; spec. Gewicht $s = 8,460$.

Das Material war sehr biegsam; der Bruch erschien wenig krystallinisch und homogen. Bei der Aetzung der Flächen ergab sich völlige Dichtigkeit.

Biegungen der Cu-Zn-Legirung *M*.

$P = Sa + 100$ g $\quad l = 78,01$ mm $\quad \sigma = 0,3 \quad \rho = 0,5$.

Die mit einem * bezeichneten Zahlen bedeuten hier wie im Folgenden die halbe Differenz der für die beiden Lagen des Stäbchens beobachteten Ausschläge; dieselben sind berücksichtigt.

M Nr. 1. $(D) = (1201,9) = 1,211$ mm; $B = (6007,4) = 6,052$ mm.

Tm =	24,3	31,9	41,9	50,4	61,3	70,6	84,4	97.6	
Bm =	207,8	208,0	208,9	209,7	210,6	211,6	212,7	213,9	* +1,0

M Nr. 2. $(D) = (1312,9) = 1,323$ mm; $B = (5545,3) = 5,586$ mm.

Tm =	20,5	29,0	40,2	50,1	61,9	68,9	81,2	96,7	
Bm =	181,1	181,5	181,8	182,6	183,5	184,1	184,9	185,8	* +0,2

M Nr. 3. $(D) = (1248,8) = 1,258$ mm; $B = (6009,0) = 6,053$ mm.

Tm =	19,4	30,2	41,1	50,7	60,2	71,0	84,3	97,1	
Bm =	178,8	179,2	179,6	180,3	181,0	181,8	182,9	183,9	* −0,4

M Nr. 4. $(D) = (1304,8) = 1,314$ mm; $B = (5647,1) = 5,689$ mm.

Tm =	20,2	30,5	39,8	49,8	61,3	73,4	85,7	96,2	
Bm =	168,7	169,2	169,5	170,1	170,7	171,3	172,3	173,1	*0

Biegungen, berechnet für 10° und die Vielfachen $B.(D)^3 = 1$.

	20°	30°	40°	50°	60°	70°	80°	90°	100°
M_1	2230	2234	2242	2252	2260	2272	2281	2290	2299
M_2	2340	2346	2350	2360	2370	2380	2388	2396	2403
M_3	2179	2185	2190	2198	2204	2212	2220	2230	2240
M_4	2149	2154	2160	2167	2176	2184	2195	2205	2213
Mittel	2225	2230	2235	2244	2252	2262	2271	2280	2289

b. Cu-Zn-Legirung *D* (vom Giesser). $s = 8,228$.

Analyse: { Cu 58,52 Proc. / Zn 41,48 „

Die Substanz war biegsam und sehr fest; der Bruch fein, unkrystallinisch, homogen. Die Aetzung zeigte, abgesehen von mikroskopischen Gussblasen, genügende Dichtigkeit und Homogeneïtät.

Biegungen der Cu-Zn-Legirung *D*.

$P = Sa + 100$ g $l = 78{,}01$ mm $\sigma = 0{,}3$ $\varrho = 0{,}5$.

D Nr. 1. $(D) = (1539{,}9) = 1{,}551$ mm; $B = (6022{,}3) = 6{,}067$ mm.

Tm =	19,0	31,8	40,1	47,4	61,2	75,6	87,5	98,7	
Bm =	102,9	103,1	103,1	103,1	103,6	104,0	104,7	105,7	* −0,7

D Nr. 2. $(D) = (1473{,}3) = 1{,}484$ mm; $B = (5781{,}0) = 5{,}824$ mm.

Tm =	22,8	39,2	51,8	65,4	76,6	87,7	100,6	—	
Bm =	128,3	128,6	128,9	129,3	129,8	130,3	130,9	—	* −0,4

D Nr. 3. $(D) = (1501{,}0) = 1{,}512$ mm; $B = (5877{,}2) = 5{,}92$ mm.

Tm =	19,2	33,8	40,1	50,3	63,3	78,8	95,1	—	* −0,2
Bm =	120,8	120,8	121,0	121,4	122,1	122,4	123,3	—	

D Nr. 4. $(D) = (1540{,}9) = 1{,}552$ mm; $B = (5036{,}4) = 5{,}073$ mm.

Tm =	23,0	35,4	40,5	50,7	60,2	68,9	83,3	98,8	
Bm =	131,3	131,5	131,7	132,0	132,3	132,6	133,1	133,8	* −1,3

D Nr. 5. $(D) = (1538{,}1) = 1{,}549$ mm; $B = 5417{,}0 = 5{,}457$ mm.

Tm =	23,0	33,5	42,7	54,2	61,5	70,2	81,3	90,0	98,1	
Bm =	117,9	118,1	118,3	118,4	118,5	118,9	119,3	119,9	120,5	* +0,5

Biegungen, berechnet für die Vielfachen von 10°

$B.(D)^3 = 1.$

	20°	30°	40°	50°	60°	70°	80°	90°	100°
D Nr. 1.	2331	2334	2335	2337	2344	2351	2361	2377	2396
D Nr. 2.	2441	2443	2448	2454	2458	2464	2473	2480	2491
D Nr. 3.	2470	2472	2477	2485	2495	2502	2508	2518	2528
D Nr. 4.	2491	2493	2498	2504	2510	2516	2524	2531	2540
D Nr. 5.	2393	2396	2399	2402	2405	2412	2421	2433	2447
Mittel	2425	2428	2431	2436	2443	2449	2457	2468	2480

c. Cu-Zn-Legirung *C*.

Den Guss habe ich selbst besorgt unter Anwendung der bei Zink erwähnten Vorsichtsmaassregeln.

Analyse { Cu 48,03 Proc. / Zn 51,97 „ $s = 8{,}215$.

Die spröde Substanz besass nicht ganz die gewünschte Homogenität, war aber wenig krystallinisch.

Die Aetzung zeigte das Vorhandensein sehr kleiner Gussblasen.

Hiervon waren mir später die eigentlichen Beobachtungstabellen verloren gegangen, und gebe ich darum gleich an:

Biegungen, berechnet für die Vielfachen von 10°

$B.(D)^3 = 1.$

C Nr. 1. $D = (1497,5) = 1,509$ mm; $B = (5958,2) = 6,002$ mm.
C Nr. 2. $D = (1480,9) = 1,492$ mm; $B = (5869,5) = 5,913$ mm.

$P = Sa + 200$ g $l = 68,16$ mm $\sigma = 0,4$ $\rho = 0,6.$

	10°	20°	30°	40°	50°	60°	70°	80°	90°	100°
C Nr. 1.	2586	2598	2605	2612	2620	2628	2636	2645	2652	2661
C Nr. 2.	2586	2596	2604	2611	2623	2632	2641	2655	2667	2679
Mittel	2586	2597	2604	2612	2622	2630	2638	2650	2659	2670

Der Sprödigkeit wegen waren beim Schleifen von dieser Gattung mehrere Stäbchen zerbrochen.

d. Cu-Zn-Legirung *A* (vom Giesser).

Analyse { Cu 46,88 Proc. / Zn 53,12 „ } $s = 8,167.$

Die spröde und feste Substanz hatte einen reinen Bruch; bei der Aëtzung der Flächen zeigten sich mikroskopische Blasen und Sprünge.

Biegungen der Cu-Zn-Legirung *A*.

$B = Sa + 100$ g $l = 78,01$ mm $\sigma = 0,3$ $\rho = 0,5.$

A Nr. 1. $(D) = (1734,4) = 1,747$ mm; $B = (6123,0) = 6,168$ mm.

Tm =	22,0	37,6	49,3	60,2	69,5	79,9	94,9	100,5	
Bm =	70,6	70,3	70,0	70,3	70,5	71,1	71,7	71,9	* +0,3

A Nr. 2. $(D) = (1737,8) = 1,751$ mm; $B = (6010,0) = 6,054$ mm.

Tm =	19,2	31,0	45,8	58,2	65,3	72,1	80,8	98,8	
Bm =	66,5	66,3	66,6	66,6	66,8	67,1	67,7	68,9	* −0,5

A Nr. 3. $(D) = (1719,2) = 1,732$ mm; $B = (5274,4) = 5,313$ mm.

Tm =	19,8	33,9	42,2	53,5	66,4	80,3	92,9	100,1	
Bm =	86,3	86,3	86,4	86,2	86,1	86,7	87,8	88,3	* −0,1

Biegungen, berechnet für die Vielfachen von 10^0
$B.(D)^3 = 1$.

	20°	30°	40°	50°	60°	70°	80°	90°	100°
A Nr. 1.	2311	2317	2311	2303	2311	2319	2339	2352	2365
A Nr. 2.	2162	2152	2159	2166	2164	2178	2198	2217	2240
A Nr. 3.	2382	2382	2385	2381	2378	2380	2393	2415	2437
Mittel	2285	2284	2285	2282	2284	2292	2310	2328	2347

e. Cu-Zn-Legirung *N* (vom Giesser). $s = 8,127$.

Analyse: { Cu 45,06 Proc.
Zn 54,94 „

Die sehr spröde und feste Substanz hatte einen feinen und reinen Bruch; die Aetzung ergab vollständige Dichtigkeit; von Blasen und Sprüngen war keine Spur zu erkennen.

Biegungen der Cu-Zn-Legirung *N*.

$P = Sa + 100$ g $\quad l = 78,01$ mm $\quad \sigma = 0,3 \quad \varrho = 0,5$.

N Nr. 1. $(D) = (1543,1) = 1,554$ mm; $B = (6070,1) = 6,115$ mm.
Tm = 24,3 31,8 36,5 48,8 61,3 72,7 81,0 90,1 101,0
Bm = 77,4 76,4 76,5 76,9 77,8 78,5 79,2 79,7 80,2 * +0,1

N Nr. 2. $(D) = (1462,8) = 1,474$ mm; $B = (6064,7) = 6,109$ mm.
Tm = 22,7 30,6 37,3 45,2 54,3 61,4 71,1 81,8 91,2 98,4
Bm = 94,0 94,1 94,1 93,9 94,0 93,9 94,7 95,7 96,3 96,7 * −0,7

N Nr. 3. $(D) = (1502,7) = 1,514$ mm; $B = (4972,6) = 5,009$ mm.
Tm = 22,1 32,0 40,6 52,3 60,9 71,8 79,5 88,1 100,0
Bm = 103,5 103,6 103,6 103,6 104,0 104,4 104,7 105,4 105,9 * +0,4

N Nr. 4. $(D) = (1483,5) = 1,494$ mm; $B = (5863,0) = 5,906$ mm.
Tm = 20,0 32,7 45,1 55,4 67,1 79,5 88,5 97,7
Bm = 91,7 91,9 92,0 92,5 92,8 93,0 93,6 94,1 * +0,3

Biegungen, berechnet für die Vielfachen von 10^0
$B.(D)^3 = 1$.

	20°	30°	40°	50°	60°	70°	80°	90°	100°
N Nr. 1.	1782	1760	1758	1768	1784	1799	1818	1831	1841
N Nr. 2.	1845	1839	1838	1837	1836	1849	1866	1881	1893
N Nr. 3.	1799	1800	1800	1800	1806	1813	1820	1834	1840
N Nr. 4.	1807	1810	1812	1814	1826	1829	1833	1846	1859
Mittel	1808	1802	1802	1805	1813	1822	1834	1848	1858

Es folgen zwei Sorten von Messingstäbchen, welche von untergeordneter Bedeutung sind und daher in aller Kürze behandelt werden. Diese wurden hergestellt aus gewalztem, dickem Messingblech.

f. Cu-Zn-Legirung Messing I. $s = 8{,}404$.

Analyse: {Cu 65,38 Proc., Zn 34,48 „} also fast rein.

Der Bruch erschien rein und feinkörnig; bei der Aetzung zeigten sich winzige Gussbläschen.

Ich gebe von dieser Gattung gleich an:

Biegungen, berechnet für die Vielfachen von 10°

$B.(D)^3 = 1.$

$P = Sa + 100$ g $l = 78{,}01$ mm $\sigma = 0{,}3$ $\varrho = 0{,}4$.

Nr. 1. $(D) = (1333{,}0) = 1{,}343$ mm; $B = (6034{,}4) = 6{,}079$ mm.
Nr. 2. $(D) = (1346{,}0) = 1{,}356$ mm; $B = (6088{,}2) = 6{,}133$ mm.

	10°	20°	30°	40°	50°	60°	70°	80°	90°	100°
Nr. 1.	2036	2043	2050	2057	2066	2076	2087	2094	2102	2109
Nr. 2.	1993	1999	2006	2013	2021	2029	2039	2048	2059	2066
Mittel	2014	2021	2028	2035	2042	2052	2063	2071	2080	2088

g. Cu-Zn-Legirung Messing II. $s = 8{,}506$.

Analyse: {Cu 66,03 Proc., Zn 33,95 „} also fast rein.

Diese Sorte liegt der vorigen sehr nahe. Der Bruch war gleichfalls rein und feinkörnig. Bei der Aetzung zeigten sich winzige Gussbläschen.

Auch hiervon gebe ich gleich an:

Biegungen, berechnet für die Vielfachen von 10°

$B.(D)^3 = 1.$

$P = Sa + 100$ g $l = 78{,}01$ mm $\sigma = 0{,}3$ $\varrho = 0{,}5$.

	10°	20°	30°	40°	50°	60°	70°	80°	90°	100°
Nr. 1.	2074	2079	2085	2091	2098	2105	2115	2123	2134	2145
Nr. 2.	1928	1934	1941	1949	1956	1965	1970	1975	1984	1993
Mittel	2001	2007	2013	2020	2027	2035	2043	2049	2059	2069

III. Kupfer.

a. 1. Reihe chemisch rein, wenig krystallinisch, gegossen, ungewalzt $s = 8{,}759$. Auf den Flächen einiger Stäbchen zeigte sich eine Anzahl von deutlichen Gussblasen; die Aetzung mit einer Säure ergab, dass sich die Gussblasen durch die ganze Masse erstreckten. Der beobachtete Elasticitätscoëfficient ist daher unsicher und wahrscheinlich zu klein. Ich habe mir viel Mühe gegeben, möglichst homogene und dichte Kupferklötze zu erhalten, indem ich den Guss von reinem galvanoplastisch niedergeschlagenen Kupfer zu wiederholten Malen sowohl selbst versuchte als auch einen bewährten Giesser ausführen liess; es ist mir indess nicht gelungen. Wenn das geschmolzene Kupfer nicht gleich während des Erkaltens einem sehr starken Druck ausgesetzt, oder geradezu gewalzt wird, werden sich wohl immer zahlreiche Blasen im Gusse vorfinden.

Biegungen der Gattung Cu a.

$P = Sa + 100$ g $l = 78{,}01$ mm $\sigma = 0{,}3$ $\varrho = 0.5$.

Nr. 1. $(D) = (1374{,}1) = 1{,}384$ mm; $B = (5935{,}7) = 5{,}979$ mm.

Tm =	21,5	33,3	43,7	53,4	64,5	71,5	88,0	98,5	
Bm =	124,2	124,8	125,1	125,4	126,2	126,7	127,2	127,8	* −0,2

Nr. 2. $(D) = (1294{,}6) = 1{,}304$ mm; $B = (5938{,}8) = 5{,}983$ mm.

Tm =	23,3	33,2	45,7	51,3	61,0	72,2	81,7	99,2	
Bm =	156,3	156,9	157,6	158,0	158,5	159,2	159,8	160,9	* +0,2

Nr. 3. $(D) = (1358{,}7) = 1{,}369$ mm; $B = (5174{,}6) = 5{,}213$ mm.

Tm =	23,5	34,3	42,2	54,6	64,3	72,8	85,7	99,7	
Bm =	150,0	150,5	151,0	151,6	152,2	152,9	153,7	154,5	* +1,5

Biegungen, berechnet für die Vielfachen von 10°

$B.(D)^3 = 1.$

	20°	30°	40°	50°	60°	70°	80°	90°	100°
Cu 1.	1968	1976	1982	1987	1996	2007	2013	2019	2028
Cu 2.	2071	2079	2087	2095	2103	2110	2119	2127	2136
Cu 3.	2002	2009	2016	2023	2031	2041	2050	2057	2064
Mittel	2014	2021	2028	2035	2043	2053	2059	2068	2076

b. 2. Reihe von Cu-Stäbchen. $s = 8{,}859$. Die Stäbchen dieser Gattung sind aus dickem gewalzten Cu-Blech

hergestellt. Der Bruch erschien wenig krystallinisch und hinreichend homogen. Bei der Aetzung zeigte sich die Substanz rein, dicht und homogen.

Die Analyse ergab absolute Reinheit.

Biegungen der Gattung Cu b.

$P = Sa + 100$ g $\quad l = 78{,}01$ mm $\quad \sigma = 0{,}3 \quad \rho = 0{,}5.$

Nr. 1. $(D) = (1094{,}0) = 1{,}102$ mm; $B = (5866{,}6) = 5{,}91$ mm.

Tm = 23,9 34,0 42,8 53,8 67,0 80,1 85,5 100,9
Bm = 229,9 230,6 231,1 231,9 233,4 234,7 235,3 237,0 *−2,0

Nr. 2. $(D) = (1154{,}1) = 1{,}163$ mm; $B = (5066{,}4) = 5{,}104$ mm.

Tm = 23,5 38,9 45,2 53,0 60,5 76,7 86,9 98,5
Bm = 218,3 219,6 220,1 220,6 221,2 222,9 224,1 225,4 *−0,1

Nr. 3. $(D) = (1110{,}5) = 1{,}119$ mm; $B = (5836{,}6) = 5{,}903$ mm.

Tm = 21,7 30,1 37,7 54,3 65,0 70,5 84,0 101,4
Bm = 214,6 215,1 215,5 216,8 217,8 218,3 219,7 221,5 *+1,4

Nr. 4. $(D) = (1152{,}0) = 1{,}161$ mm; $B = (5886{,}5) = 5{,}930$ mm.

Tm = 19,5 25,0 34,2 40,7 53,0 63,9 79,6 97,6
Bm = 190,0 190,7 191,3 191,6 192,3 193,3 194,7 195,8 *+0,4

Biegungen, berechnet für die Vielfachen von 10°

$B.(D)^3 = 1.$

	20°	30°	40°	50°	60°	70°	80°	90°	100°
Nr. 1.	1817	1822	1827	1832	1840	1848	1857	1865	1874
Nr. 2.	1750	1756	1763	1769	1775	1783	1792	1801	1810
Nr. 3.	1789	1794	1799	1805	1813	1821	1829	1837	1846
Nr. 4.	1758	1762	1767	1773	1780	1788	1796	1802	1808
Mittel	1779	1784	1789	1794	1802	1810	1818	1826	1834

c. 3. Serie von Cu-Stäbchen. $s = 8{,}839.$

Diese Stäbchen, welche mir Hr. Prof. Voigt freundlichst zur Verfügung stellte, sind aus einer dicken Platte von galvanoplastisch niedergeschlagenem Kupfer geschnitten und sind daher chemisch rein, aber auch ziemlich krystallinisch.

Biegungen der Gattung Cu c.

$P = Sa + 100$ g $\quad l = 54{,}89$ mm $\quad \sigma = 0{,}2 \quad \rho = 0{,}5.$

Nr. 1. $(D) = (1012{,}3) = 1{,}02$ mm; $B = (5439{,}4) = 5{,}479$ mm.

Tm = 10,1 24,9 37,6 42,6 51,2 59,4 71,3 84,4 99,7 112,6
Bm = 106,2 108,5 109,4 109,7 110,5 111,0 111,8 112,4 113,9 114,4 *−0,2

Nr. 2. $(D) = (1026{,}2) = 1{,}034$ mm; $B = (3940{,}9) = 3{,}97$ mm.

$Tm =$	12,6	26,1	36,9	46,1	52,2	59,6	74,8	86,4	91,5	99,3	
$Bm =$	142,8	144,0	144,8	146,5	147,3	148,1	148,8	149,6	150,1	151,9	*+0,2

Nr. 3. $(D) = (973{,}8) = 0{,}981$ mm; $B = (5425{,}2) = 5{,}465$ mm.

$Tm =$	10,7	22,8	30,0	42,4	52,5	59,5	69,4	78,7	91,4	98,0	
$Bm =$	118,9	120,6	122,2	123,9	125,3	126,1	126,8	127,5	128,5	129,0	*+0,6

Nr. 4. $(D) = (1039{,}7) = 1{,}047$ mm; $B = (3822{,}0) = 3{,}85$ mm.

$Tm =$	12,4	27,3	35,4	45,3	54,0	60,6	74,8	82,1	90,0	99,7	
$Bm =$	139,5	141,0	142,3	143,7	144,8	145,4	146,9	147,5	148,2	149,2	*−1,5

Biegungen, berechnet für die Vielfachen von 10°

$$B.(D)^3 = 1.$$

	10°	20°	30°	40°	50°	60°	70°	80°	90°	100°
Nr. 1	617	625	632	636	641	645	649	652	657	662
Nr. 2	625	629	633	640	645	650	651	655	657	666
Nr. 3	613	620	630	637	645	650	655	658	662	667
Nr. 4	617	619	625	629	638	643	648	651	656	660
Mittel	618	623	630	636	642	647	651	654	658	664

IV. Zinn. $s = 7{,}164$.

Die fünf zur Beobachtung verwendeten Stäbchen sind aus zwei verschiedenen Klötzen hergestellt, deren jeder unter den angegebenen Vorsichtsmaassregeln gegossen war. Es gehören im Folgenden Nr. 1, 2, 3 und Nr. 4, 5 zusammen.

Das Material erwies sich bei der Analyse als rein; bis auf einige sehr kleine Gussblasen war das Gefüge dicht.

Biegungen von Zinn.

$$P = Sa + 20\text{ g} \qquad \sigma = 0{,}2 \qquad \varrho = 0{,}4.$$

Sn Nr. 1. ($l = 78{,}01$ mm); $(D) = (1456{,}8) = 1{,}468$ mm; $B = (6136{,}2) = 6{,}181$ mm.

$Tm =$	8,2	13,8	22,6	40,4	54,2	68,6	86,5
$Bm =$	65,1	65,4	66,3	71,0	74,5	80,7	90,6

Sn Nr. 2. ($l = 78{,}01$ mm); $(D) = (1362{,}6) = 1{,}373$ mm; $B = (6115{,}8) = 6{,}161$ mm.

$Tm =$	9,1	25,0	44,6	53,7	63,1	86,1
$Bm =$	87,5	91,6	99,3	103,7	108,1	126,9

Sn Nr. 3. ($l = 78{,}01$ mm); $(D) = (1422{,}3) = 1{,}433$ mm; $B = (6102{,}7) = 6{,}148$ mm.

$Tm =$	9,8	23,3	39,3	49,8	58,4	76,3	92,5
$Bm =$	73,1	74,9	78,7	82,1	86,9	95,8	105,3

Sn Nr. 4. ($l = 68{,}16$ mm); $(D) = (1427{,}5) = 1{,}438$ mm; $B = (6307{,}2) = 6{,}354$ mm

$Tm =$	14,5	17,5	33,3	47,6	58,8	64,6	79,8	99,0
$Bm =$	48,1	49,0	51,1	55,0	57,4	60,4	64,9	77,6

Sn Nr. 5. (l = 68,16 mm); (D) = (1383,4) = 1,394 mm; B = (6246,8) = 6,293 mm.

$T'm$ =	12,0	24,8	36,4	43,2	54,0	65,8	79,7	94,1
Bm =	56,4	59,0	63,4	64,8	67,8	73,3	78,9	84,9

Stäbchen Nr. 4 und 5 wurden vor der Beobachtung mit 100 g durchgebogen. Die Gestalt der Zinnstäbchen war wegen der Weichheit des Materials, welche das Schleifen schwierig machte, etwas unregelmässiger als bei den anderen.

In der zweiten umgekehrten Lage habe ich bei den Zinnstäbchen keine Beobachtungen angestellt, da aus einem Versuche hervorzugehen schien, dass durch die nach der zweiten Seite hin geschaffene Elasticitätsgrenze die elastische Nachwirkung und der Rückstand für Beobachtungen in der ersten Lage eine Vergrösserung erfuhren.

Biegungen, berechnet für die Vielfachen von 10°

$B.(D)^3 = 1.$

	10°	20°	30°	40°	50°	60°	70°	80°	90°	100°
Sn 1	1274	1291	1321	1384	1434	1495	1588	1707	1819	—
Sn 2	1399	1440	1487	1559	1621	1687	1788	1951	2081	—
Sn 3	1327	1346	1378	1427	1487	1587	1670	1769	1877	—
Sn 4	1373	1401	1430	1499	1575	1639	1759	1841	1988	—
Sn 5	1430	1480	1544	1645	1703	1788	1919	2017	2126	—
Mittel	1361	1391	1432	1503	1564	1639	1745	1857	1977	—

V. Legirungen von Kupfer und Zinn.

Die Blöcke, woraus die Stäbchen geschnitten sind, habe ich selbst gegossen.

a. Cu-Sn-Legirung *A*. $s = 8{,}580$.

Die Substanz war biegsam, und der Bruch erschien homogen. Auch beim Aetzen mit einer Säure zeigte sich das Gefüge dicht und homogen. Beim Auflösen in einer Säure fanden sich indessen Spuren von Kohlentheilchen vor.

Analyse: { Cu 89,76 Proc.
Sn 10,20 „

Das Stäbchen Nr. 1 dieser Gattung war etwas verbogen, und theile ich deshalb die Beobachtungen an demselben nicht mit.

Biegungen der Gattung *A*.

$P = Sa + 50$ g $l = 78{,}01$ mm $\sigma = 0{,}2$ $\varrho = 0{,}5$.

A Nr. 2. $(D) = (1508{,}4) = 1{,}52$ mm; $B = (5832{,}1) = 5{,}875$ mm.
Tm = 17,4 27,0 40,9 50,8 58,6 70,5 87,8 100,3
Bm = 60,7 61,5 61,8 62,6 62,8 63,2 63,5 64,3 * +0,2

A Nr. 3. $(D) = (1459{,}2) = 1{,}47$ mm; $B = (6015{,}7) = 6{,}06$ mm.
Tm = 17,6 33,8 43,2 53,4 60,9 82,9 101,0
Bm = 64,2 64,5 65,2 65,4 65,7 66,5 67,3 * +0,2

A Nr. 4. $(D) = (1469{,}2) = 1{,}48$ mm; $B = (5931{,}2) = 5{,}994$ mm.
Tm = 18,0 31,5 40,1 52,7 62,5 81,5 100,3
Bm = 63,1 63,6 64,4 64,5 65,1 65,8 66,4 * −0,3

A Nr. 5. $(D) = (1495{,}0) = 1{,}506$ mm; $B = (5840{,}6) = 5{,}884$ mm.
Tm = 17,1 31,8 41,1 48,2 62,7 80,2 99,0
Bm = 62,0 62,9 63,1 63,3 63,6 64,3 64,9 * −0,1

A Nr. 6. $(D) = (1513{,}9) = 1{,}525$ mm; $B = (5867{,}6) = 5{,}911$ mm.
Tm = 18,8 35,4 49,1 59,1 70,0 77,5 85,9 97,5
Bm = 59,5 60,2 61,1 61,7 62,1 62,5 62,8 63,4 * +0,6

Biegungen, berechnet für die Vielfachen von 10°

$B.(D)^3 = 1$.

	10°	20°	30°	40°	50°	60°	70°	80°	90°	100°
A Nr. 2.	1240	1257	1269	1280	1289	1297	1302	1307	1316	1327
A Nr. 3.	1230	1238	1239	1252	1258	1268	1272	1276	1285	1294
A Nr. 4.	1223	1229	1236	1248	1253	1262	1271	1279	1286	1291
A Nr. 5.	1240	1248	1261	1267	1274	1276	1283	1292	1299	1306
A Nr. 6.	1240	1248	1256	1267	1281	1291	1302	1315	1322	1331
Mittel	1234	1244	1252	1263	1271	1279	1286	1294	1300	1310

b. Cu-Sn-Legirung *B*. $s = 8{,}679$.

Analyse: { Cu 49,97 Proc.
Sn 50,02 „

Die Substanz war so spröde, dass von einer grösseren Zahl von zum Schleifen aufgekitteten Stäbchen nur zwei ganz blieben. Der Bruch war unkrystallinisch und homogen. Gussblasen waren nicht zu bemerken.

Biegungen der Gattung *B*.

$P = Sa + 50$ g $l = 47{,}58$ $\sigma = 0{,}2$ $\varrho = 0{,}6$.

B Nr. 1. $(D) = (891{,}8) = 0{,}898$ mm; $B = (6400{,}6) = 6{,}448$ mm.
Tm = 5,9 14,4 21,1 32,3 41,0 50,5 59,2 75,0 89,5 97,2
Bm = 57,0 57,6 58,1 58,7 59,2 59,7 60,2 61,4 62,5 63,1 * +0,5

B Nr. 2. $(D) = (947{,}0) = 0{,}954$ mm; $B = (6599{,}1) = 6{,}628$ mm.
$Tm =$ 8,2 20,7 37,9 53,3 59,9 69,2 84,7 90,1 100,4
$Bm =$ 46,0 46,7 47,5 48,3 48,6 49,0 49,8 50,1 50,6 *+0,3

Biegungen, berechnet für die Vielfachen von 10°
$B.(D)^3 = 1$; $P = 100$ g; $l = 100$ mm.

	10°	20°	30°	40°	50°	60°	70°	80°	90°	100°
B Nr. 1.	4829	4891	4940	4981	5031	5080	5143	5208	5274	5336
B Nr. 2.	4780	4836	4881	4930	4986	5034	5076	5141	5192	5249
Mittel	4808	4864	4911	4955	5009	5057	5110	5174	5233	5292

c. Cu-Sn-Legirung *C*. $s = 8{,}314$.

Analyse: { Cu 41,28 Proc.
Sn 58,75 „

Der Bruch war unkrystallinisch und homogen. Die Substanz war ebenfalls sehr spröde, und von mehreren aufgekitteten Stäbchen blieben nur noch zwei übrig. Gussblasen waren nicht zu erkennen.

Biegungen der Gattung *C*.
$P = Sa + 20$ g $l = 54{,}94$ mm $\sigma = 0{,}2$ $\varrho = 0{,}6$.

C Nr. 1. $(D) = (1025{,}5) = 1{,}033$ mm; $B = (6603{,}0) = 6{,}652$ mm.
$Tm =$ 6,7 14,8 22,2 38,5 56,9 68,5 81,3 98,8
$Bm =$ 35,3 36,0 36,2 37,0 37,7 38,3 39,0 40,3 *−0,1

C Nr. 2. $(D) = (988{,}4) = 0{,}996$ mm; $B = (6538{,}7) = 6{,}587$ mm.
$Tm =$ 8,9 19,0 28,7 40,1 49,2 56,7 70,5 79,3 91,2 101,1
$Bm =$ 39,7 40,2 40,6 41,0 41,4 41,7 42,4 42,7 43,2 43,6 *−0,2

Biegungen, berechnet für die Vielfachen von 10°
$B.(D)^3 = 1$; $P = 100$ g; $l = 100$ mm.

	10°	20°	30°	40°	50°	60°	70°	80°	90°	100°
C Nr. 1.	5028	5071	5136	5202	5256	5315	5390	5467	5567	5666
C Nr. 2.	4946	5009	5058	5106	5151	5205	5270	5316	5368	5420
Mittel	4987	5040	5097	5154	5204	5260	5330	5391	5467	5543

d. Cu-Sn-Legirung *D*. $s = 8{,}927$.

Analyse: { Cu 67,08 Proc.
Sn 32,91 „

Die Substanz besass bei sehr grosser Härte ebenfalls ausgezeichnete Sprödigkeit. Der Bruch war ebenfalls krystallinisch. Gussblasen waren nicht zu bemerken.

Biegungen der Gattung *D*.

$\sigma = 0{,}3 \qquad \varrho = 0{,}5.$

D Nr. 1. $P = Sa + 100$ g; $l = 68{,}16$ mm; * +0,6.
$(D) = (1295{,}4) = 1{,}305$ mm; $B = (6319{,}7) = 6{,}366$ mm.

Tm =	10,8	21,1	36,7	50,3	61,5	72,1	83,4	92,7	101,2
Bm =	83,5	83,7	84,1	84,4	84,7	84,9	85,2	85,4	85,6

D Nr. 2. $P = Sa + 100$ g; $l = 54{,}95$ mm; * −0,2.
$(D) = (1306{,}0) = 1{,}316$ mm; $B = (6401{,}8) = 6{,}449$ mm.

Tm =	7,8	21,2	33,8	41,0	53,6	69,5	83,6	99,5
Bm =	44,4	44,5	44,6	44,7	44,9	45,2	45,3	45,6

D Nr. 3. $P = Sa + 100$ g; $l = 68{,}16$ mm; * −0,2.
$(D) = (1330{,}6) = 1{,}34$ mm; $B = (6121{,}9) = 6{,}167$ mm.

Tm =	11,0	22,3	34,4	45,7	51,5	68,1	80,5	91,0	103,4
Bm =	83,8	84,1	84,3	84,5	84,6	85,1	85,3	85,6	85,9

Biegungen, berechnet für 10° und die Vielfachen

$B(D)^3 = 1 \qquad P = Sa + 100\text{ g} \qquad l = 68{,}16\text{ mm}.$

	10°	20°	30°	40°	50°	60°	70°	80°	90°	100°
D_1	1181	1184	1187	1191	1194	1197	1201	1204	1207	1211
D_2	1243	1246	1250	1254	1257	1262	1266	1268	1275	1279
D_3	1244	1248	1251	1253	1256	1260	1262	1267	1271	1274
Mittel	1223	1226	1230	1233	1236	1239	1243	1246	1251	1254

Aus den mittleren Biegungen, welche noch in Scalentheilen angegeben waren, werden weiter die Elasticitätscoëfficienten der Biegung nach der Formel:

$$E = \frac{P \, . \, L^3}{4\eta \, . \, B \, . \, (D)^3} = \frac{P \, . \, L^3}{4\eta_1}$$

berechnet und in Millionen Grammen ausgedrückt. η_1 bedeutet die Biegung, welche der Beziehung $B \, . \, (D)^3 = 1$ entspricht. Der absolute Werth eines Scalentheiles wurde mit Hülfe eines Mikrometermikroskopes, wie schon erwähnt ist, = 0,00061 mm bestimmt.

Aus den Beobachtungen geht hervor, dass es in der Regel genügt, für Temperaturen zwischen 0 und 100^0 den Elasticitätscoëfficienten E_t als lineare Function von t darzustellen, also zu setzen:

$$E_t = E_0 (1 - \alpha . t),$$

wenn E_0 den Werth von E bedeutet, welcher $t = 0$ entspricht. E_0 und α sind aus den Werthen von E_t, welche aus den für die Vielfachen von 10^0 berechneten Biegungen hergeleitet werden, nach der Methode der kleinsten Quadrate berechnet, und ich habe die daraus nach der Formel sich ergebenden Werthe von E_t unter die beobachteten gesetzt. In dieser Weise habe ich der Vergleichung halber die Rechnung für alle Gattungen von Stäbchen durchgeführt und nachher für die drei Gattungen Zinn und Cu-Zn-Legirungen A und N allein E_t in Form einer Function zweiten Grades dargestellt.

Die Elasticitätscoëfficienten.

Es ist mir nicht gelungen, brauchbare Legirungen mit weit überwiegendem Zn- und Sn-Gehalt herzustellen. Auch der Giesser hat solche Compositionen wiederholt (zum Theil zehnmal) herzustellen versucht, aber vergeblich, denn die eingesandten Gussblöcke erwiesen sich sämmtlich als unbrauchbar, weil sehr viele Gussblasen vorhanden waren.

Ich habe mich bemüht, mit Hülfe eines Sclerometers die Härte der untersuchten Metalle und Legirungen zu bestimmen, theile jedoch die numerischen Resultate dieser Versuche nicht mit, da der mir zur Verfügung stehende Apparat keine solche Genauigkeit gewährte, wie sie bei guten Härtemessungen erforderlich ist. Es war aus diesen Versuchen jedoch zu entnehmen, dass die Härte der Legirungen nur zum Theil zwischen den Härten der sie bildenden einfachen Metalle lag, während sie bei einigen über dies Intervall hinausging.

Zur Vergleichung und zur besseren Uebersicht der Resultate der letzten Tabellen stelle ich folgende Werthe nochmals zusammen (Siehe Tabelle p. 644):

	Analyse	Spec.Gew.		0°	10°	20°	30°	40°	50°	60°	70°	80°	90°	100°
Zink	Chemisch rein	7,115	beob.	—	$10,3_{14}$	$10,1_{48}$	$10,0_{23}$	$9,8_{78}$	$9,7_{47}$	$9,5_{4}$	$9,3_{77}$	$9,2_{41}$	—	—
			ber.	$10,4_{77}$	$10,3_{38}$	$10,1_{69}$	$10,0_{15}$	$9,8_{61}$	$9,7_{06}$	$9,5_{52}$	$9,3_{98}$	$9,2_{44}$	$(9,0_{90})$	$(8,8_{55})$
				$E = E_0 (1 - \alpha t)$. $E_0 = 10,4_{77} . 10^6$ g. $\alpha = 14,71 . 10^{-4}$.										
Cu-Zn Legirung *N*	Zn 54,94 Cu 45,06	8,127	beob.	—	—	$11,9_{96}$	$12,0_{28}$	$12,0_{21}$	$12,0_{18}$	$11,9_{59}$	$11,8_{96}$	$11,8_{29}$	$11,7_{33}$	$11,6_{67}$
			ber.	$12,1_{75}$	$12,1_{8}$	$12,0_{85}$	$12,0_{3}$	$11,9_{95}$	$11,9_{5}$	$11,9_{05}$	$11,8_{6}$	$11,8_{15}$	$11,7_{7}$	$11,7_{25}$
				$E_0 = 12,1_{75} . 10^6$ g. $\alpha = 3,69 . 10^{-4}$.										
Cu-Zn Legirung *A*	Zn 53,12 Cu 46,88	8,166	beob.	—	—	$9,4_{89}$	$9,4_{92}$	$9,4_{89}$	$9,4_{99}$	$9,4_{9}$	$9,4_{57}$	$9,3_{67}$	$9,3_{18}$	$9,2_{85}$
			ber.	$9,6_{08}$	$9,5_{78}$	$9,5_{48}$	$9,5_{18}$	$9,4_{88}$	$9,4_{58}$	$9,4_{28}$	$9,3_{98}$	$9,3_{68}$	$9,3_{38}$	$9,3_{08}$
				$E_0 = 9,6_{08} . 10^6$ g. $\alpha = 3,11 . 10^{-4}$.										
Cu-Zn Legirung *C*	Zn 51,97 Cu 48,03	8,215	beob.	—	$10,6_{07}$	$10,5_{68}$	$10,5_{32}$	$10,5_{08}$	$10,4_{68}$	$10,4_{28}$	$10,3_{96}$	$10,3_{51}$	$10,3_{14}$	$10,2_{75}$
			ber.	$10,6_{43}$	$10,6_{07}$	$10,5_{7}$	$10,5_{34}$	$10,4_{98}$	$10,4_{61}$	$10,4_{25}$	$10,3_{89}$	$10,3_{5}$	$10,3_{16}$	$10,2_{8}$
				$E_0 = 10,6_{43} . 10^6$ g. $\alpha = 3,41 . 10^{-4}$.										
Cu-Zn Legirung *D*	Zn 41,48 Cu 58,52 Spur Pl	8,228	beob.	—	—	$8,9_{4}$	$8,9_{3}$	$8,9_{17}$	$8,8_{99}$	$8,8_{76}$	$8,8_{53}$	$8,8_{32}$	$8,7_{84}$	$8,7_{41}$
			ber.	$9,0_{12}$	$8,9_{87}$	$8,9_{62}$	$8,9_{37}$	$8,9_{12}$	$8,8_{88}$	$8,8_{63}$	$8,8_{38}$	$8,8_{13}$	$8,7_{88}$	$8,7_{64}$
				$E_0 = 9,0_{12} . 10^6$ g. $\alpha = 2,75 . 10^{-4}$.										
Cu-Zn Legirung *M*	Zn 22,27 Cu 77,71	8,46	beob.	—	—	$9,7_{46}$	$9,7_{23}$	$9,6_{99}$	$9,6_{62}$	$9,6_{26}$	$9,5_{84}$	$9,5_{47}$	$9,5_{08}$	$9,4_{78}$
			ber.	$9,8_{3}$	$9,7_{96}$	$9,7_{59}$	$9,7_{25}$	$9,6_{89}$	$9,6_{54}$	$9,6_{19}$	$9,5_{84}$	$9,5_{48}$	$9,5_{13}$	$9,4_{78}$
				$E_0 = 9,8_{3} . 10^6$ g. $\alpha = 3,59 . 10^{-4}$.										
Messing Nr. 1 gewalst	Zn 34,58 Cu 65,38	8,404	beob.	—	$10,7_{68}$	$10,7_{38}$	$10,6_{98}$	$10,6_{58}$	$10,6_{1}$	$10,5_{64}$	$10,5_{11}$	$10,4_{66}$	$10,4_{23}$	$10,3_{94}$
			ber.	$10,8_{18}$	$10,7_{75}$	$10,7_{31}$	$10,6_{88}$	$10,6_{45}$	$10,6_{02}$	$10,5_{58}$	$10,5_{15}$	$10,4_{72}$	$10,4_{29}$	$10,3_{85}$
				$E_0 = 10,8_{18} . 10^6$ g. $\alpha = 4,0 . 10^{-4}$.										

	Analyse	Spec. Gew.		0°	10°	20°	30°	40°	50°	60°	70°	80°	90°	100°
Messing II.	Zn 33,95 Cu 66,03	8,506	beob.	—	$10,8_{85}$	$10,8_{02}$	$10,7_{69}$	$10,7_{34}$	$10,6_{97}$	$10,6_{56}$	$10,6_{14}$	$10,5_{78}$	$10,5_{27}$	$10,5_{04}$
			ber.	$10,8_{81}$	$10,8_{43}$	$10,8_{05}$	$10,7_{67}$	$10,7_{29}$	$10,6_{91}$	$10,6_{53}$	$10,6_{15}$	$10,5_{77}$	$10,5_{39}$	$10,5_{01}$
				$E_0 = 10,8_{81} . 10^6$ g.						$\alpha = 3,49 . 10^{-4}$.				
Kupfer I. ungewalst (löcherich)	Chemisch rein	8,76	beob.	—	—	$10,7_{69}$	$10,7_{16}$	$10,6_{88}$	$10,6_{52}$	$10,6_{11}$	$10,5_{6}$	$10,5_{26}$	$10,4_{83}$	$10,4_{43}$
			ber.	$10,8_{47}$	$10,8_{07}$	$10,7_{67}$	$10,7_{26}$	$10,6_{86}$	$10,6_{45}$	$10,6_{05}$	$10,5_{65}$	$10,5_{25}$	$10,4_{84}$	$10,4_{44}$
				$E_0 = 10,8_{47} . 10^6$ g.						$\alpha = 3,72 . 10^{-4}$.				
Kupfer II. gewalst	Chemisch rein	8,86	beob.	—	$12,2_{4}$	$12,1_{87}$	$12,1_{54}$	$12,1_{19}$	$12,0_{85}$	$12,0_{5}$	$11,9_{79}$	$11,9_{23}$	$11,8_{7}$	$11,8_{19}$
			ber.	$12,2_{98}$	$12,2_{51}$	$12,2_{04}$	$12,1_{58}$	$12,1_{11}$	$12,0_{64}$	$12,0_{17}$	$11,9_{71}$	$11,9_{24}$	$11,8_{77}$	$11,8_{3}$
				$E_0 = 12,2_{98} . 10^6$ g.						$\alpha = 3,80 . 10^{-4}$.				
Kupfer III galvanoplast. niedergeschl.	Chemisch rein	8,936	beob.	—	$12,2_{55}$	$12,1_{53}$	$12,0_{2}$	$11,9_{16}$	$11,7_{93}$	$11,7_{08}$	$11,6_{89}$	$11,5_{8}$	$11,5_{08}$	$11,4_{08}$
			ber.	$12,3_{06}$	$12,2_{14}$	$12,1_{21}$	$12,0_{29}$	$11,9_{36}$	$11,8_{44}$	$11,7_{51}$	$11,6_{59}$	$11,5_{66}$	$11,4_{74}$	$11,3_{81}$
				$E_0 = 12,3_{06} . 10^6$ g.						$\alpha = 7,52 . 10^{-4}$.				
Cu-Sn Legirung *A*	Cu 89,76 Sn 10,20	8,58	beob.	—	$9,6_{58}$	$9,6_{14}$	$9,5_{48}$	$9,4_{7}$	$9,4_{11}$	$9,3_{51}$	$9,2_{97}$	$9,2_{4}$	$9,1_{96}$	$9,1_{8}$
			ber.	$9,7_{3}$	$9,6_{69}$	$9,6_{07}$	$9,5_{47}$	$9,4_{86}$	$9,4_{25}$	$9,3_{63}$	$9,3_{03}$	$9,2_{42}$	$9,1_{81}$	$9,1_{2}$
				$E_0 = 9,7_{3} . 10^6$ g.						$\alpha = 6,27 . 10^{-4}$.				
Cu-Sn Legirung *D*	Cu 67,06 Sn 32,91	8,93	beob.	—	$11,8_{26}$	$11,7_{94}$	$11,7_{61}$	$11,7_{31}$	$11,7_{01}$	$11,6_{67}$	$11,6_{34}$	$11,6_{06}$	$11,5_{6}$	$11,5_{27}$
			ber.	$11,8_{63}$	$11,8_{3}$	$11,7_{97}$	$11,7_{64}$	$11,7_{31}$	$11,6_{98}$	$11,6_{64}$	$11,6_{31}$	$11,5_{98}$	$11,5_{65}$	$11,5_{32}$
				$E_0 = 11,8_{63} . 10^6$ g.						$\alpha = 3,21 . 10^{-4}$.				
Cu-Sn Legirung *B*	Cu 49,97 Sn 50,02	8,68	beob.	—	$8,5_{85}$	$8,4_{21}$	$8,3_{4}$	$8,2_{66}$	$8,1_{77}$	$8,0_{99}$	$8,0_{15}$	$7,9_{15}$	$7,8_{26}$	$7,7_{39}$
			ber.	$8,6_{05}$	$8,5_{19}$	$8,4_{33}$	$8,3_{47}$	$8,2_{61}$	$8,1_{75}$	$8,0_{89}$	$8,0_{03}$	$7,9_{17}$	$7,8_{31}$	$7,7_{45}$
				$E_0 = 8,6_{05} . 10^6$ g.						$\alpha = 9,99 . 10^{-4}$.				
Cu-Sn Legirung *C*	Cu 41,23 Sn 58,75	8,314	beob.	—	$8,2_{13}$	$8,1_{26}$	$8,0_{36}$	$7,9_{47}$	$7,8_{7}$	$7,7_{66}$	$7,6_{84}$	$7,5_{97}$	$7,4_{91}$	$7,3_{88}$
			ber.	$8,3_{11}$	$8,2_{21}$	$8,1_{30}$	$8,0_{4}$	$7,9_{49}$	$7,8_{59}$	$7,7_{69}$	$7,6_{78}$	$7,5_{88}$	$7,4_{97}$	$7,4_{06}$
				$E_0 = 8,3_{11} . 10^6$ g.						$\alpha = 10,89 . 10^{-4}$.				
Zinn	Chemisch rein	7,164	beob.	—	$4,5_{01}$	$4,4_{03}$	$4,2_{77}$	$4,0_{75}$	$3,9_{15}$	$3,7_{86}$	$3,5_{1}$	$3,2_{98}$	$3,0_{97}$	—
			ber.	$4,7_{09}$	$4,5_{56}$	$4,4_{08}$	$4,2_{28}$	$4,0_{4}$	$3,8_{5}$	$3,6_{8}$	$3,5$	$3,3_{20}$	$3,1_{49}$	$2,9_{88}$
				$E_0 = 4,7_{09} . 10^6$ g.						$\alpha = 37,78 . 10^{-4}$.				

	Analyse	Spec. Gewicht beob.	Spec. Gewicht ber.	E_0 beob.	E_0 ber.	Contraction	Dilatation	$\alpha . 10^{-4}$
Zn	rein	7,115	—	$10,4_{77}$	—	—	—	14,71
Cu-Zn *N*	Zn 54,94 Cu 45,06	8,127	7,821	$12,1_{75}$	$11,2_{99}$	0,306	—	3,69
Cu-Zn *A*	Zn 53,12 Cu 46,88	8,166	7,852	$9,6_{08}$	$11,3_{87}$	0,314	—	3,11
Cu-Zn *C*	Zn 51,97 Cu 48,03	8,215	7,873	$10,6_{43}$	$11,3_{52}$	0,341	—	3,41
Cu-Zn *D*	Zn 41,48 Cu 58,52	8,228	8,063	$9,0_{19}$	$11,5_{40}$	0,165	—	2,75
Cu-Zn *M*	Zn 22,29 Cu 77,71	8,46	8,437	$9,8_{8}$	$11,8_{95}$	0,033	—	3,59
*Messing I	Zn 34,58 Cu 65,38	8,404	8,188	$10,8_{18}$	$11,6_{68}$	0,216	—	4,00
*Messing II	Zn 33,95 Cu 66,03	8,506	8,2	$10,8_{81}$	$11,6_{92}$	0,306	—	3,49
Cu I	rein	8,76	—	$10,8_{47}$	—	—	—	3,72
*Cu II	rein	8,86	Mittel 8,9	$12,2_{98}$	Mittel $12,3_{02}$	—	—	3,8
Cu III galv.	rein	8,936		$12,3_{06}$		—	—	7,52
Cu-Sn *A*	Cu 89,76 Sn 10,20	8,58	8,704	$9,7_{3}$	$11,5_{39}$	—	0,124	6,27
Cu-Sn *D*	Cu 67,06 Sn 32,91	8,927	8,267	$11,8_{63}$	$9,8_{21}$	0,66	—	3,21
Cu-Sn *B*	Cu 49,97 Sn 50,02	8,679	7,938	$8,6_{06}$	$8,5_{33}$	0,741	—	9,99
Cu-Sn *C*	Cu 41,23 Sn 58,75	8,314	7,792	$8,3_{11}$	$7,8_{75}$	0,522	—	10,89
Sn	rein	7,164	—	4,768	—	—	—	37,77

Die vorstehende Tabelle gibt in der Columne

1. Die chemische Beschaffenheit oder Zusammensetzung.

2. Das specifische Gewicht, und zwar sowohl das durch Beobachtung gefundene, als auch das aus der Formel für das specifische Gewicht einer Legirung:

$$S = \frac{100}{\frac{A}{a} + \frac{B}{b}}$$

berechnete. A, B bedeuten darin den Procentgehalt der beiden einfachen Metalle, a und b deren specifisches Gewicht.

3. Die Differenz beider, welche die Grösse der Dilatation oder Contraction angibt.

4. Den Elasticitätscoëfficienten E, und zwar sind neben die aus den Beobachtungen abgeleiteten Werthe von E bei den Legirungen noch die aus den Elasticitätscoëfficienten der Bestandtheile berechneten gesetzt.

5. Den Coëfficienten α der linearen Aenderung mit der Temperatur.

[Die mit einem * bezeichneten Gattungen sind gewalzt.]

Unter den untersuchten Substanzen nehmen drei eine besondere Stelle ein, weil bei ihnen eine lineare Function für die Aenderung von E mit t nicht ausreicht. Dies sind Sn und die Cu-Zn-Legirungen A und N. Nach einer Function zweiten Grades berechnet, lassen sich die Elasticitätscoëfficienten dieser Gattungen folgendermassen darstellen:

$$\text{Sn } E = E_0 [1 - 0{,}00311\, t - 0{,}000\,004\,2\, t^2],$$
$$\text{Cu-Zn } A\ E = E_0 [1 + 0{,}00067\, t - 0{,}000\,008\,2\, t^2],$$
$$\text{Cu-Zn } N\ E = E_0 [1 + 0{,}00047\, t - 0{,}000\,007\,1\, t^2].$$

Diese beiden Cu-Zn-Legirungen A, N, deren Zusammensetzung nahezu übereinstimmt, verhalten sich bezüglich der Aenderung von E mit t ganz ähnlich; auffallend ist es, dass bei ihnen E für Temperaturen von 0 bis 60° nahezu constant ist.

Bei der dritten dieser Ausnahmen (Sn) waren die Beobachtungen für höhere Temperaturen, wie schon hervorgehoben wurde, infolge der sehr beträchtlichen elastischen Nachwirkung ausserordentlich schwierig, und deswegen ist es nicht ausgeschlossen, dass die Biegungen für höhere Temperaturen zu gross gemessen sind, also auch die Aenderung von E mit t zu gross gefunden wurde. Es ist darum nicht unmöglich, dass nach Elimination dieses schwer zu beseitigenden

Fehlers eine lineare Function wenigstens für Temperaturen bis zu 100° genügen würde.

Bei der Vergleichung ziehe ich als Elasticitätscoëfficienten von Cu den Mittelwerth $12{,}3_{02}$ der Gattungen Cu II und Cu III in Betracht, weil *E* für das ungewalzte Kupfer (Cu I) wegen ungenügender Dichtigkeit mit einem Fehler behaftet und zu klein gefunden ist.

Was zunächst Zn betrifft, so ist auffällig, dass der Elasticitätscoëfficient dieses Metalls auf $10{,}4_{77}$ (für 0°) liegt, während die früheren Beobachtungen darüber, welche sämmtlich mit Drähten angestellt sind, ihn als etwa 8,7 ergeben haben, also 1,7 niedriger. Ich habe die Zn-Stäbchen aus diesem Grunde mit grosser Sorgfalt bei verschiedenen Belastungen und Längen untersucht und keine wesentlichen Abweichungen gefunden, sodass dem angegebenen Werthe volle Bedeutung beizulegen ist.

Die Tabelle zeigt, dass unter den sieben Cu-Zn-Legirungen sich nur vier befinden (darunter die beiden Sorten von reinem gewalzten Messing), bei welchen *E* zwischen den Elasticitätscoëfficienten von Zn und Cu liegt, während *E* bei den drei übrigen unter demjenigen von Zn bleibt. Es lassen sich demnach, besonders da die Legirung mit grösstem Cu-Gehalt fast den kleinsten, diejenige mit kleinstem Cu-Gehalt fast den grössten Elasticitätscoëfficienten besitzt, die Cu-Zn-Legirungen in dieser Hinsicht in keine Reihe ordnen. Am meisten fallen die grossen Abweichungen auf, welche die Gattungen *N*, *A*, *C* zeigen, deren Elasticitätscoëfficienten entsprechend $12{,}1_{75}$, $9{,}6_{08}$, $10{,}6_{43}$ sind, während doch ihre Zusammensetzung fast dieselbe ist. Ich habe für diese auffallende Erscheinung keinen befriedigenden Grund gefunden; es ist möglich, dass die Bildung der Legirung, die Art des Erstarrens, die Temperatur der Mischung u. dgl. einen bedeutenden, schwer zu erkennenden Einfluss auf die mechanischen Eigenschaften der Legirung ausüben. Die Dichtigkeit und Homogenität dieser drei Gattungen war allerdings wesentlich verschieden, bei der Legirung *N* vollständig befriedigend, bei den beiden anderen mangelhaft. Beobachtungsfehler sind ausgeschlossen, da die Biegungen wiederholt an gestellt wurden, und zwar ohne merkliche Abweichungen zu zeigen.

Bei dieser ganzen Reihe ist eine Contraction eingetreten, welche von 0,033 bis 0,341 schwankt, wodurch die Thatsache, dass der Elasticitätscoëfficient einiger Legirungen unter demjenigen von Zn liegt, noch auffälliger wird, denn verschiedene Versuche[1]) haben ergeben, dass der Elasticitätscoëfficient einer Substanz durch alle Umstände, welche die Dichtigkeit erhöhen, ebenfalls vergrössert wird.

Ebensowenig lassen sie sich nach der Grösse der Aenderung mit der Temperatur in eine Reihe bringen. Der Coëfficient α der linearen Aenderung von E mit t zeigt bei den verschiedenen Legirungen nur verhältnissmässig geringe Abweichungen. Dass die Aenderung von E beim galvanoplastisch niedergeschlagenen Cu bedeutend grösser ist als bei den beiden anderen reinen Cu-Sorten, wird durch die mehr krystallinische Structur erklärt.

Anders verhalten sich die Cu-Sn-Legirungen. Bei allen diesen liegt E zwischen den Elasticitätscoëfficienten von Cu und Sn. Das Intervall ist hier aber bedeutend grösser als bei Cu und Zn. Auffallend ist es, dass die Cu-Sn-Legirung A einen Elasticitätscoëfficienten zeigt, welcher fast um zwei Einheiten kleiner ist als der nach der Zusammensetzung berechnete. Der Grund dafür liegt wahrscheinlich in der mangelhaften Reinheit des Gefüges, denn wie schon erwähnt wurde, ergab die Auflösung in einer Säure bei einem Stäbchen dieser Art, dass beim Zusammenschmelzen einzelne kleine Kohlentheilchen zwischen die flüssige Substanz gerathen waren. Dass es sich hier um die Beimischung eines fremdartigen leichteren Körpers handelt, geht ausserdem noch hervor sowohl aus der Thatsache, dass das beobachtete specifische Gewicht kleiner ist als das berechnete, als auch aus der Analyse, wonach 0,24 % fehlen. Nimmt man dies als Grund dafür an, dass diese Legirung mit ihrem Elasticitätscoëfficienten aus der Reihe herausfällt, so kann man wohl behaupten, dass hier im allgemeinen zur Legierung mit

1) Besonders Wertheim, Pogg. Ann. 57. p. 382. 1842; Pogg. Ann. Ergbd. 2. p. 73. 1848.

grösserem Cu-Gehalt auch der grössere Elasticitätscoëfficient gehört, dass sich also angenähert die Elasticitätscoëfficienten der Cu-Sn-Legirungen nach der Zusammensetzung aus den Elasticitätscoëfficienten der sie zusammensetzenden einfachen Metalle berechnen lassen. Dieser Satz ist aber mit grösster Vorsicht zu gebrauchen.

Die beobachteten specifischen Gewichte dieser Legirungen zeigen von den nach der Mischungsregel berechneten ganz erhebliche Abweichungen. Während bei der Cu-Sn-Legirung *A* das berechnete specifische Gewicht aus dem erwähnten Grunde grösser ist als das beobachtete, zeigen die anderen drei erhebliche Contractionen in der Grösse von 0,522 bis 0,741.

Auch die Coëfficienten der linearen Aenderung von E mit t lassen hier grössere Abweichungen erkennen als bei der Reihe Cu-Zn; die Differenz dieser Grössen für die Endglieder umfasst hier auch ein erheblich grösseres Intervall als bei den Metallen Cu und Zn. [Bei Cu-Sn 34,01; bei Cu-Zn 10,95]. Abgesehen von der Ausnahme *A* sind die Aenderungscoëfficienten derart, dass die Legirung mit grösserem Cu-Gehalt die kleinere Aenderung aufweist.

Schlussfolgerungen.

1. Der Elasticitätscoëfficient einer Substanz ist nicht constant; bei Legirungen ist er abhängig von dem Zustande derselben, welcher sehr verschieden sein kann und zum grossen Theil durch die Art des Zusammenschmelzens bedingt sein mag.

Der Satz, welchen Wertheim[1]) aufstellte, dass der Elasticitätscoëfficient einer Legirung sich aus den Elasticitätscoëfficienten der Bestandtheile nach Verhältniss der Zusammensetzung berechnen lässt, mag gültig sein für Legirungen, die sich sämmtlich in demselben Zustande befinden, ist jedoch im allgemeinen mit grösster Vorsicht zu gebrauchen. Wertheim fand übrigens selbst bei den Cu-Zn-Legirungen bedeutende Abweichungen.

2. Es genügt in der Regel, für die Aenderung E mit t

1) Wertheim, Pogg. Ann. Ergbd. 2. p. 73. 1848.

bei den Metallen und Legirungen für Temperaturen zwischen 0 und 100° eine lineare Function einzuführen.

3. Aus den Aenderungen des Elasticitätscoëfficienten der einfachen Metalle mit der Temperatur lässt sich kein sicherer Schluss ziehen auf die Grösse der Aenderung von *E* bei den Legirungen, ebensowenig auf die Härte derselben, denn aus den betreffenden Versuchen ging hervor, dass die Härte der Legirungen häufig über diejenige beider Bestandtheile hinausging.

4. Das nach der Mischungsregel berechnete specifische Gewicht schliesst sich wohl am sichersten an die beobachteten Werthe an; jedoch nicht häufig zeigen sich erhebliche Abweichungen, welche gewöhnlich durch Contraction, seltener durch Dilatation beim Erstarren hervorgerufen werden.

Die theilweise nicht unerheblichen Abweichungen, welche Stäbchen derselben Gattung zeigen, finden ihren Grund in der ungleichen Mischung und in dem Umstande, dass die Dimensionen der geschmolzenen Blöcke zu klein gewählt waren; denn die Structur einer geschmolzenen Metallmasse ist um so unregelmässiger, je kleiner die Dimensionen derselben sind; dies haben die eingehenden Untersuchungen von F. Savart[1]) ergeben. Auch die specifischen Gewichte ändern sich ja bei kleineren Gussblöcken vom Rande nach dem Innern zu nicht unerheblich.

Von den Analysen hat ein älterer Chemiker die qualitativen ausgeführt, während die quantitativen zum Theil von Hrn. Prof. Jannasch gütigst übernommen, zum Theil vom städtischen chemischen Laboratorium der Stadt Hannover besorgt sind.

Ich theile ausserdem noch die Resultate der Beobachtungen an zwei aus einem homogenen Glasklotze geschnittenen Stäbchen mit, welche mir Hr. Prof. Voigt gütigst zur Verfügung stellte.

---

1) F. Savart, Das Gefüge der Metalle, Pogg. Ann. 16. p. 248 u. f. 1829.

2 Glasstäbchen. $s = 2{,}584$.

Biegungen, berechnet für die Vielfachen von 10°

$B.(D)^3 = 1.$

$P = Sa + 100$ g $\quad l = 54{,}89 \quad \sigma = 0{,}3 \quad \varrho = 0{,}6.$

	10°	20°	30°	40°	50°	60°	70°	80°	90°	100°
Gl. 1.	987,9	990,8	993,8	996,9	1000,9	1004,3	1008	1012	1014	1017
Gl. 2.	987,5	990,4	993,6	997,4	1001,3	1004,1	1007,1	1009,8	1012,9	1016,2
Mittel	987,7	990,6	993,7	997,2	1001,1	1004,2	1007,6	1010,9	1013,5	1016,6

Daraus stellt sich dann der Elasticitätscoëfficient E von Glas folgendermassen dar:

	0°	10°	20°	30°	40°	50°	60°	70°	80°	90°	100°
beob.	—	$7{,}6_{68}$	$7{,}6_{45}$	$7{,}6_{21}$	$7{,}5_{95}$	$7{,}5_{65}$	$7{,}5_{41}$	$7{,}5_{16}$	$7{,}4_{91}$	$7{,}4_{72}$	$7{,}4_{49}$
ber.	$7{,}6_{92}$	$7{,}6_{68}$	$7{,}6_{43}$	$7{,}6_{18}$	$7{,}5_{93}$	$7{,}5_{69}$	$7{,}5_{44}$	$7{,}5_{19}$	$7{,}4_{95}$	$7{,}4_{70}$	$7{,}4_{45}$

Für die Aenderung des Elasticitätscoëfficienten von homogenem Glase mit der Temperatur gilt also die lineare Function:

$$E = E_0(1 - 0{,}000321 \, . \, t), \text{ wo } E_0 = 7{,}6_{92}.$$

Torsionsbeobachtungen an Zink, Kupfer, Zinn.

Zu diesen Beobachtungen benutzte ich einen sehr genauen, Hrn. Prof. Voigt gehörenden Apparat, welchen derselbe mir gütigst zur Verfügung stellte. Die Methode ist schon ausführlich beschrieben worden.[1]) Ich will daher nur hervorheben, dass die gegenseitige Drehung zweier Querschnitte der Stäbchen an auf den Stäbchen mit Klammern befestigten Spiegeln mittelst Fernrohr und Scala (Abstand von den Spiegeln $A = 5165$ mm) beobachtet wurde und ein ähnliches Verfahren wie bei den Biegungsbeobachtungen die Elimination der Reibung gestattete.

Die folgenden Tabellen enthalten ausser den in Rechnung zu ziehenden Dimensionen L B D in Millimetern zunächst die Belastung P in Grammen und die Temperatur ϑ der

1) W. Voigt, Pogg. Ann. Ergbd. 7. p. 185. 1876; Sitzungsber. der Kgl. Preuss. Ak. d. Wiss. zu Berlin. 10. p. 997. 1884.

Beobachtung, darauf in zwei Reihen die Anzahl σ der Scalentheile (Millimeter), um welche die Scalenbilder sich gegenseitig verschoben bei einer Belastung Sa (Wagschale) und $Sa+P$, ferner noch σ_0 als den Scalentheil, von welchem aus die Drehung stattfand. Daraus ist nach der Formel:

$$\frac{\sigma + \sigma_0}{A} = \operatorname{tg} 2(\tau + \tau_0),$$

die jeder Belastung entsprechende Drehung τ und die für 1 g Belastung gültige τ_1 berechnet. ϱ bedeutet wieder den Reibungswerth, findet hier aber, da er eliminirt wird, keine besondere Verwendung.

Aus diesen Zahlen berechnet sich der Torsionscoëfficient T nach folgender von De Saint-Venant aufgestellten Formel:

$$T = \frac{3 . R . L}{\tau_1 . B . D^3 . \left(1 - \frac{3\lambda . D}{16\ B}\right)},$$

in welcher R der Hebelarm ist, an dem die Belastung P wirkt, welcher für den Apparat = 36,79 mm war, λ aber eine complicirte Function des Verhältnisses B/D bezeichnet, die für Werthe des Verhältnisses, welche die Grösse 2 übersteigen, merklich constant = 3,361 ist.

Drillungen.

A Zink.

Zn Nr. 1. $L = 48,0$; $B = 5,99$; $D = 1,50$; $P = 50$; $\vartheta = 21°$.

		$P = Sa$	$Sa + P$		
(rechte Rolle) r. R.	$\sigma =$ 11,7		54,3	$\sigma_0 = -$ 87	$\varrho = 1,7$
(linke Rolle) l. R.	$\sigma =$ 10,9		53,5	$\sigma_0 = +$ 205	$\varrho = 3,3$
r. R.	$\tau_1 =$ 0,000 082 5				
l. R.	$\tau_1 =$ 0,000 080 2			$T = 3,8_{25}$.	
Mittel	$\tau_1 =$ 0,000 081 4				

Zn Nr. 3. $L = 48,17$; $B = 6,0$; $D = 1,466$; $P = 50$; $\vartheta = 21°$.

l. R.	$\sigma =$ 12,4	56,8	$\sigma_0 = -$ 4	$\varrho = 2,2$
r. R.	$\sigma =$ 13,6	59,3	$\sigma_0 = -$ 30	$\varrho = 0,5$
l. R.	$\tau_1 =$ 0,000 088 5			
r. R.	$\tau_1 =$ 0,000 086 0		$T = 3,8_{15}$.	
Mittel	$\tau_1 =$ 0,000 087 2			

Zn Nr. 4. $L = 48{,}73$; $B = 5{,}984$; $D = 1{,}49$; $P = 50$; $\vartheta = 22^0$.

l. R. $\sigma =$ 9,9 54,1 $\sigma_0 = +105$ $\varrho = 3{,}4$
r. R. $\sigma = 12{,}9$ 55,9 $\sigma_0 = +85$ $\varrho = 0{,}3$
l. R. $\tau_1 = 0{,}000\,085\,5$
r. R. $\tau_1 = 0{,}000\,083\,2$ $T = 3{,}8_{21}$.
Mittel $\tau_1 = 0{,}000\,084\,4$

Daraus folgt als Mittelwerth: $T = 3{,}8_3$,
und wenn ich setze $\mathrm{T} = 1/T$: $\mathrm{T} = 0{,}26$.

Da nun:

$$E = \frac{\mu\,.\,(2\mu + 3\lambda)}{\mu + \lambda}; \quad T = \mu; \quad a - b = 2\mu; \quad \lambda = b,$$

so folgt $\lambda = 7{,}29$, und da gefunden ist: $E_{\vartheta = 21{,}5^0} = 10{,}1_{48}$, so resultiren daraus die

Elasticitätsconstanten des Zinks
$a = 14{,}94$ $b = 7{,}29$ $a = 2{,}05\,.\,b$.

B Zinn.

Sn Nr. 1. $L = 50{,}1$; $B = 6{,}18$; $D = 1{,}47$; $P = 20$; $\vartheta = 22^0$.

l. R. $\sigma = 20{,}8$ 65,8 $\sigma_0 = +23$ $\varrho = 4{,}2$
r. R. $\sigma = 12{,}5$ 56,2 $\sigma_0 = +20$ $\varrho = 0{,}3$
l. R. $\tau_1 = 0{,}000\,215$
r. R. $\tau_1 = 0{,}000\,212$ $T = 1{,}5_{53}$.
Mittel $\tau_1 = 0{,}000\,213$

Sn Nr. 2. $L = 51{,}0$; $D = 1{,}375$; $B = 6{,}16$; $P = 10$; $\vartheta = 21{,}5^0$.

		Sa	*Sa+P*	*Sa+2P*		
r. R.	$\sigma =$	27,0	53,8	81,0	$\sigma_0 = -70$	$\varrho = 1{,}3$
l. R.	$\sigma =$	25,5	52,2	79,0	$\sigma_0 = +35$	$\varrho = 3{,}3$

r. R. $\tau_1 = 0{,}000\,260$
l. R. $\tau_1 = 0{,}000\,262$ $T = 1{,}5_{73}$,
Mittel $\tau_1 = 0{,}000\,261$

wiederholt für $L = 47{,}0$.

		Sa	*Sa+P*	*Sa+2P*		
l. R.	$\sigma =$	21,8	47,7	74,0	$\varrho = 5{,}0$	$\sigma_0 = +200$
r. R.	$\sigma =$	20,8	46,5	73,1	$\varrho = 7{,}5$	$\sigma_0 = 0$

l. R. $\tau_1 = 0{,}000\,251$
r. R. $\tau_1 = 0{,}000\,251$ $T = 1{,}5_{18}$,
Mittel $\tau_1 = 0{,}000\,251$

Mittel $T = 1{,}5_{48}$.

Sn Nr. 4. $L = 49{,}75$; $D = 1{,}424$; $B = 6{,}344$; $P = 10$; $\vartheta = 22^\circ$.

		Sa	$Sa+P$	$Sa+2P$		
l. R.	$\sigma =$	17,8	41,0	64,9	$\sigma_0 = +17$	$\varrho = 3{,}3$
r. R.	$\sigma =$	18,1	42,6	66,7	$\sigma_0 = -51$	$\varrho = 1{,}2$

l. R. $\tau_1 = 0{,}000\,230$
r. R. $\tau_1 = 0{,}000\,236$
Mittel $\tau_1 = 0{,}000\,233$ $\qquad T = 1{,}5_{31}$.

Mittelwerth: $T = 1{,}5_{43}$, $\qquad$ T = 0,65.
Gefunden war: $E = 4{,}3_{78}$, daraus die

Elasticitätsconstanten von Zinn

$a = 11{,}5 \quad b = 8{,}4 \quad a = 1{,}4 \,.\, b.$

C Kupfer.

a. rein, ungewalzt (nicht dicht!)

Cu Nr. 1. $L = 47{,}0$; $B = 5{,}979$; $D = 1{,}386$; $P = 50$; $\vartheta = 22^\circ$.

		Sa	$Sa+P$	$Sa+2P$		
l. R.	$\sigma =$	18,9	58,0	102,1	$\sigma_0 = -111$	$\varrho = 0{,}8$.

Radius der linken Rolle $R = 36{,}7$ mm.
l. R. $\tau_1 = 0{,}000\,086\,5$. $\qquad T = 4{,}4_{41}$.

Cu Nr. 2. $L = 49{,}2$; $B = 5{,}976$; $D = 1{,}313$; $P = 50$; $\vartheta = 21^\circ$.

r. R.	$\sigma =$	16,2	71,3	$\sigma_0 = -280$	$\varrho = 1{,}9$
l. R.	$\sigma =$	16,1	71,4	$\sigma_0 = +309$	$\varrho = 2{,}2$

r. R. $\tau_1 = 0{,}000\,106$
l. R. $\tau_1 = 0{,}000\,100$
Mittel $\tau_1 = 0{,}000\,103$ $\qquad T = 4{,}5_{07}$.

Mittelwerth: $T = 4{,}4_{74}$; $\qquad$ T = 0,22,.
Gefunden war: $\underset{\vartheta = 21{,}5}{E} = 10{,}7_{21}$.

Daraus die Elasticitätsconstante des reinen ungewalzten Cu:

$a = 11{,}89 \quad b = 2{,}94. \quad a = 4{,}04 \,.\, b.$

b. rein gewalzt.

Cu Nr. 2. $L = 47{,}2$; $B = 5{,}103$; $D = 1{,}162$; $P = 50$; $\vartheta = 20^\circ$.

		Sa	$Sa+P$	$Sa+2P$		
l. R.	$\sigma =$	24,5	108,5	192,6	$\sigma_0 = -152$	$\varrho = 1{,}2$
r. R.	$\sigma =$	26,4	110,9	195,2	$\sigma_0 = +184$	$\varrho = 0{,}3$

l. R. $\tau_1 = 0{,}000\,163$
r. R. $\tau_1 = 0{,}000\,163$
Mittel $\tau_1 = 0{,}000\,163$ $\qquad T = 4{,}6_{84}$.

Cu Nr. 3. $L = 47{,}3$; $B = 5{,}959$; $D = 1{,}119$; $P = 50$; $\vartheta = 20^0$.
r. R. $\sigma = 24{,}8$ 103,1 $\sigma_0 = -63$ $\rho = 0{,}4$
l. R. $\sigma = 23{,}9$ 102,4 $\sigma_0 = +79$ $\rho = 0{,}9$

r. R. $\tau_1 = 0{,}000\,153$
l. R. $\tau_1 = 0{,}000\,153$
Mittel $\tau_1 = 0{,}000\,153$ $T = 4{,}6_{45}$.

Mittelwerth: $T = 4{,}6_{64}$; $\mathrm{T} = 0{,}2_{14}$.

Gefunden war: $\underset{20^0}{E} = 12{,}2_{28}$.

Daraus folgen die Elasticitätsconstanten von reinem gewalzten Cu:

$$a = 17{,}08 \qquad b = 7{,}75 \qquad a = 2{,}2\,.\,b.$$

Die Elasticitätsconstanten des galvanoplastisch niedergeschlagenen Kupfers sind schon von Hrn. Prof. Voigt[1]) bestimmt worden als:

$$a = 13{,}4_3 \qquad b = 6{,}57_5 \qquad a = 2{,}04\,.\,b.$$

Aus den mitgetheilten Zahlenwerthen geht hervor, dass für keines der untersuchten Metalle die Poisson'sche Relation $a = 3b$ annähernd erfüllt ist. Abgesehen von dem reinen ungewalzten Kupfer, dessen Beschaffenheit, wie schon verschiedentlich hervorgehoben wurde, keine zufriedenstellende war, und für welches die Beziehung $a = 4{,}04\,.\,b$ gefunden ist, zeigt sich das Verhältniss der beiden Elasticitätsconstanten a und b bei Zinn $= 1{,}4$, bei den beiden anderen Sorten Kupfer und bei Zink aber so, dass für diese annähernd die Beziehung besteht:

$$a = 2b.$$

1) W. Voigt, Berl. Ber. 38. p. 961. 1883; Berl. Ber. vom 30. Oct. p. 997. 1884.

Lebenslauf.

Ich, Johannes Jacobus Kiewiet, bin am 28. Juni 1862 in Emden geboren als der Sohn des Lehrers J. Kiewiet und im evangelischen Glauben erzogen worden. Von Michaelis 1871 an besuchte ich das Königl. Wilhelms-Gymnasium meiner Vaterstadt und verliess dasselbe mit dem Reifezeugniss versehen Michaelis 1881. Darauf studirte ich auf der Universität zu Göttingen zehn Semester hauptsächlich Physik und Mathematik, daneben Naturwissenschaften. Von Ostern 1883 bis Michaelis 1885 war ich Mitglied des mathematisch-physikalischen Seminars der genannten Universität.

Vorlesungen habe ich gehört bei den Herren Professoren:

Baumann, Ehlers, Enneper, Goedeke, C. Klein, G. E. Müller, Riecke, E. Schering, Schwarz, Graf Solms, Steindorff, Stern, Voigt und Dr. H. Meyer.

Ich erlaube mir an dieser Stelle, allen meinen verehrten Lehrern für die wohlwollende Leitung und Förderung meiner Studien meinen ergebensten Dank auszusprechen.

www.ingramcontent.com/pod-product-compliance
Lightning Source LLC
Chambersburg PA
CBHW022031190326
41519CB00010B/1673
9783743468078